CB014852

# A OUTRA GUERRA DO FIM DO MUNDO

# Osvaldo Coggiola

# A OUTRA GUERRA DO FIM DO MUNDO

## A Batalha pelas Malvinas e a América do Sul

Ateliê Editorial

Dados Internacionais de Catalogação na Publicação (CIP)
(Câmara Brasileira do Livro, SP, Brasil)

Coggiola, Osvaldo
  *A Outra Guerra do Fim do Mundo: A Batalha pelas Malvinas e a América do Sul* / Osvaldo Coggiola. – Cotia, SP: Ateliê Editorial, 2014.

ISBN 978-85-7480-667-9

1. Argentina – Relações exteriores – Grã-Bretanha 2. Ditadura 3. Grã-Bretanha – Relações exteriores – Argentina 4. Malvinas, Guerra das, 1982 – História I. Título.

14-09394                                    CDD-327.99711

Índices para catálogo sistemático:

1. Guerra das Malvinas: História: Relações Internacionais    327.99711

Direitos reservados à
Ateliê Editorial
Estrada da Aldeia de Carapicuíba, 897
06709-300 – Granja Viana – Cotia – SP
Telefax: (11) 4612-9666
www.atelie.com.br
contato@atelie.com.br

Printed in Brazil    2014
Foi feito o depósito legal

# Sumário

# 1. Questão Nacional, Militarismo, Malvinas

Entre inícios de abril e meados de junho de 1982 teve lugar o enfrentamento militar entre a Argentina e a Inglaterra (apoiada pelos EUA e a Europa) pela posse e soberania das Ilhas Malvinas, território colonial inglês de ultramar ocupado por tropas argentinas a 2 de abril de 1982. Depois da Segunda Guerra Mundial, o das Malvinas foi um dos conflitos em que mais perto se esteve do uso de armas atômicas, carregadas pela frota inglesa ao Atlântico Sul para seu eventual uso contra o território continental argentino. Na guerra, as forças armadas argentinas usaram 14 200 soldados; o Reino Unido, 29 700, com armamento e apoio logístico muito superior. O saldo final da guerra foi a recuperação do arquipélago pelo Reino Unido e a morte de 652 soldados argentinos, além de 1 068 feridos (muitos de gravidade) e de 11 313 prisioneiros; de 255 soldados britânicos mortos, além de 777 feridos, e de três civis das ilhas, também mortos. Na década posterior à guerra, houve aproximadamente 350 suicídios de ex-combatentes argentinos, reduzidos na sua maioria a uma situação de miséria social; os suicídios de soldados ingleses atingiram a soma de 264.

O cenário bélico, incluída a ilusão da ditadura argentina de recuperar as ilhas pela via do enfrentamento (ou melhor, da ameaça) militar convencional, teve como pano de fundo a militarização das economias e das sociedades sul-americanas, no período dominado pelas ditaduras militares. Entre 1960 e 1978 o PIB dos países do Terceiro Mundo cresceu em ritmo médio de 2,7% anual, enquanto os gastos militares nesses mesmos países cresceram 4,2% anual. O SIPRI (Instituto de Pesquisas para a Paz, de Estocolmo) assinalou que a América Latina – especialmente o Brasil e a Argentina – tradicionalmente marginal na corrida armamentista mundial, encontrava-se na cabeça dessa tendência no Terceiro Mundo: em 1981, os gastos militares latino-americanos superavam anualmente 60 bilhões de dólares. Tratava-se de um "militarismo dependente" (tecnológica e comercialmente) e completamente reacionário. Os exércitos se armavam para combater a "subversão interna", não para proteger as fronteiras nacionais, e menos ainda para enfrentar as potências imperialistas.

Os oficiais latino-americanos eram treinados (militar e ideologicamente) pelos EUA, na School of Americas, sediada no Panamá desde 1961. Essa "escola" teve o centro das suas atividades no treino "anti-insurrecional" (ou "contrainsurgente") dos oficiais latino-americanos. A economia de esforços que este investimento militar significava para a hegemonia político-militar dos EUA na América Latina está ilustrada por estas cifras, de 1967: o custo médio de um soldado norte-americano era de 5 400 dólares anuais, o de um soldado das forças armadas "complementares" no continente, 540. O Programa de Assistência Militar (PAM) dos EUA foi o pilar de sustentação das Forças Armadas numa série de países (Bolívia, República Dominicana, Equador, Honduras, Guatemala, Panamá, Paraguai, a Nicarágua dos Somoza) onde os exércitos se transformaram numa espécie de apêndice das Forças Armadas norte-americanas.

A recolonização econômica e política da América Latina no segundo pós-guerra teve seu ponto alto durante as ditaduras militares, baseadas por sua vez no poder independente do militarismo, que deitava suas raízes nas características históricas da formação econômico-social do continente. O aumento dos gastos militares latino-americanos dava um índice do crescimento da potência própria da instituição armada. Eles evoluíram (em milhões de dólares de 1960), na Argentina, de 138,6 milhões anuais (em 1938-1941) para mais de 287 milhões (em 1960-1965); de 23,8 milhões para 176,5 milhões, em igual período, na Venezuela; de 15 milhões para mais de 78 milhões na Colômbia; de 60 milhões para mais de 97 milhões no Chile; cifras correspondentes a países que conheceram períodos democráticos bastante prolongados. Cada novo golpe militar tinha por resultado duradouro (para além da duração do próprio governo militar) uma intervenção cada vez mais profunda do Exército na vida social e política da nação. Na Argentina se constituiu um minicomplexo industrial-militar gerido pelas Forças Armadas.

As ditaduras militares surgidas nesse período na América do Sul se diferenciaram das precedentes ditaduras caudilhistas, uma tradição no continente desde o século XIX, pois não consistiam na elevação de um líder militar à condição de "salvador da pátria", em condições de "anomia social" (escasso desenvolvimento e configuração das classes sociais, de seus interesses organizados, de tradições políticas de autogoverno). Eram, ao contrário, ditaduras *institucionais* das Forças Armadas, destinadas a combater desenvolvimentos revolucionários da classe operária, dos camponeses e da juventude, ditaduras com apoio e inspiração direta dos governos dos EUA. As ditaduras se coordenaram, além disso, para combater o ativismo revolucionário para além de suas próprias fronteiras. Fizeram isto desde antes da chamada Operação Condor, por sua própria vontade e ideologia anticomunista e antioperária (culpar o "clima de guerra fria" pelos crimes cometidos pelas ditaduras militares significa eximi-las em parte de sua completa responsabilidade no período mais sombrio da história do continente). A Operação Condor só foi formalizada em 1975 (portanto, ainda em plena "democracia" argentina) na xi Conferência dos Exércitos Americanos, realizada em Montevidéu, estabelecendo que o Exército e a polícia de um país podiam atuar livremente nos outros países envolvidos, prendendo, sequestrando e torturando pessoas[1].

A ditadura argentina, que operou diretamente na Bolívia e na América Central, distinguiu-se pelo seu zelo particular nesse sentido. O *establishment* dos EUA, porém, era consciente da fragilidade das vitórias contrarrevolucionárias obtidas pelas ditaduras militares latino-americanas na década de 1970. Toda a burguesia ianque encampou a política de "direitos humanos" do governo de Jimmy Carter (eleito em 1976), que pressionava em favor de uma institucionalização dos regimes militares latino-americanos. Nos finais da década de 1970, a recomposição do

---

1. A participação brasileira na Operação Condor tornou-se pública com a tentativa de sequestro dos militantes uruguaios Lílian Celiberti e Universindo Díaz em 1978, numa ação conjunta dos órgãos de repressão do Uruguai e do Brasil em Porto Alegre. As informações disponíveis sobre a Operação Condor são devidas ao empenho do militante paraguaio Martin Almada, pedagogo e advogado, que passou anos no cárcere, onde foi submetido a torturas, e conseguidas em 1992, três anos depois da queda do ditador Alfredo Stroessner. Aluízio Palmar, credenciado pela Comissão dos Mortos e Desaparecidos do Ministério da Justiça do Brasil, teve acesso ao arquivo da Delegacia da Polícia Federal em Foz do Iguaçu, e constatou que foi ativa a participação dos órgãos repressivos da ditadura militar brasileira na Operação Condor, por intermédio da Assessoria Especial de Informações e Segurança (AESI). Esta organização tinha bases em Brasília, Rio de Janeiro, Curitiba, Foz do Iguaçu e Assunção. A AESI mantinha correspondência constante com os exércitos e órgãos repressivos da Argentina, Paraguai, Uruguai e Chile.

movimento das massas latino-americanas não fez mais do que confirmar esses temores. O aprofundamento da crise econômica mundial, de um lado, e a resistência das massas trabalhadoras da América Latina, do outro, levaram ao impasse e à crise final dos regimes militares, abrindo a etapa das "transições democráticas". Em 1979, quando a Frente Sandinista de Libertação Nacional (FSLN) despachou a ditadura de Anastácio Somoza Debayle, em 19 de julho, e explodiram também as greves no ABC paulista, mudou o signo da etapa política na América Latina, abrindo-se uma nova fase da luta de classes.

A queda de uma das mais velhas ditaduras da região, a da Nicarágua, bastião do imperialismo ianque na América Central, diante de uma revolução popular; a recomposição social e política do proletariado mais numeroso e concentrado da América Latina, quebrando a fragmentação social em que se baseava a ditadura militar brasileira, colocaram um limite definitivo ao processo de derrotas do movimento operário e camponês dos anos 1970 (1971 na Bolívia, golpe de Banzer; 1973 no Chile, golpe de Pinochet; no mesmo ano, no Uruguai, golpe de Bordaberry–Aparício Méndez; em 1975, no Peru, golpe de Morales Bermúdez, pondo fim ao processo nacionalista iniciado com Velasco Alvarado em 1968; em 1976, na Argentina, golpe de Videla e da Junta Militar). A relativamente "curta" duração do processo de franca reação política (embora o Paraguai tivesse suportado uma ditadura de três décadas, e o gigante da região, o Brasil, de duas) demonstrou a precariedade das vitórias obtidas pelo imperialismo e a burguesia nativa contra as massas exploradas durante a década de 1970, vitórias que não conseguiram fragmentar e esmagar as massas de modo semelhante ao obtido pelo nazismo e o fascismo na década de 1930, na Europa.

A crise econômica mundial e a resistência das massas trabalhadoras levaram a crise não só dos regimes militares reacionários, mas de todo o sistema de dominação imperial. A guerra das Malvinas foi a expressão espetacular do anacronismo do aparelho político-militar dos EUA na América Latina, abalando, em poucas semanas, as bases de um sistema de hegemonia continental montado ao longo de mais de três décadas (Tratado de Rio de Janeiro, OEA, TIAR, força interamericana de intervenção). A ditadura mais pró-imperialista do Cone Sul (a dos ditadores argentinos, incluído o ditador de plantão, Leopoldo Fortunato Galtieri), os treinadores da "contra" nicaraguense, dos "esquadrões da morte" salvadorenhos e dos narcoditadores bolivianos (García Meza, Natush Busch), foram paradoxalmente a ponta de lança da desmontagem de um sistema que ruiu na sua própria entranha. Armando copiosamente seu agente fardado no Cone Sul, os EUA e a Europa geraram o monstro que, em dado momento, foi levado a desafiá-los.

A ocupação das Malvinas pela ditadura argentina, para desviar a atenção da sua crise interna, que atingira seu pico em 30 de março de 1982, dois dias antes da invasão, colocou as nações latino-americanas em rota de colisão objetiva com a OTAN, traduzindo a inadequação das "relações interamericanas" diante das novas relações políticas entre as classes. A ocupação das Malvinas de 1982 teve, porém, o propósito de potenciar a ditadura e a burguesia argentina na estratégia global do imperialismo na região, objetivo que fracassou e abriu um novo cenário de guerra nacional contra um bloco de nações imperialistas.

A crise e a guerra, de 74 dias de duração, devem ser analisadas no seu contexto histórico, político e internacional. A condição das Malvinas de problema nacional argentino derivou historicamente da condição semicolonial da Argentina. Enquanto se manteve mais ou menos estável essa condição em relação à Inglaterra, a "questão Malvinas" ocupou um lugar secundário, ou menos do que isso, na agenda política externa argentina. Foi tirada dessa condição pela quebra dessa relação e pelas crises do capitalismo mundial e nacional. Com o desenvolvimento da pesca, e as descobertas de gás e petróleo, e com a guerra financeira e comercial mundial, o arquipélago do Atlântico Sul ganhou uma nova atualidade, como região cobiçada pelas grandes potências.

Nos primeiros manuais escolares de "história argentina", a questão das Malvinas sequer ocupava uma nota de rodapé[2]. O período em que aconteceu a ocupação inglesa das ilhas estava dominado pelos conflitos internos do país, e pelos conflitos com Brasil a respeito da Banda Oriental (Uruguai). A Argentina, certamente, sempre reivindicou, formal e oficialmente, as Malvinas como parte de seu território nacional, desde o século XIX e ao longo do século XX; em 1965, sua diplomacia (sob o governo de Arturo Umberto Illia, da União Cívica Radical) conseguiu que a ONU aprovasse a resolução 2065, qualificando a disputa como um problema colonial (ou seja, reconhecendo formalmente os direitos argentinos), e convocando as partes para negociar uma solução. Porém, as relações entre a Argentina, o Reino Unido e os habitantes das ilhas durante todo esse período e até os finais

*Bandeira colonial britânica das Ilhas Malvinas, desenhada em 1948.*

2. Cf. C. L. Fregeiro, *Lecciones de Historia Argentina*, Buenos Aires, Rivadavia, 1905; texto escolar preparado para o Real Colegio de San Carlos (hoje Colegio Nacional de Buenos Aires), local de formação da elite política bonaerense, e dependente da Universidade Nacional de Buenos Aires.

da década de 1960 e o início da década de 1970 foram fluidas: semanalmente operava uma ponte aérea entre a Argentina e Puerto Argentino/Port Stanley, capital das Malvinas, da qual os insulares dependiam para provisão e assistência médica; a pista de aterrissagem original dessa capital (feita em alumínio) foi construída pela Força Aérea Argentina.

Em 2012, a chancelaria argentina do governo de Cristina Fernández de Kirchner emitiu um comunicado "reafirmando mais uma vez os imprescritíveis direitos de soberania da Argentina sobre as Ilhas Malvinas, Geórgias do Sul e Sandwich do Sul, e os espaços marítimos circundantes, que são parte integrante de seu território nacional". A declaração foi divulgada no momento em que se completaram 179 anos desde que as Ilhas Malvinas foram ocupadas por forças britânicas (em 3 de janeiro de 1833). O que recolocou o conflito pelas Malvinas não foi o aniversário da guerra de 1982, mas a possibilidade de se explorar petróleo que pudesse ser comercializado no mercado mundial; além do que, a posse de territórios adjacentes à Antártica pode outorgar direitos sobre este continente em futuras negociações. O controle do arquipélago encerra, também, uma posição estratégica ao seu ocupante sobre o cruzamento austral e seu tráfego marítimo. Em 2009, a Inglaterra começou a explorar petróleo na região. Se a zona se convertesse em um polo petroleiro mundial, sob a soberania de uma potência estrangeira, isto criaria uma situação de instabilidade política crônica na Argentina e em toda a região.

O Reino Unido possui ainda em águas do Atlântico Sul três outras colônias, as ilhas de Ascensão, Santa Helena e Tristão e Cunha, pequenas localidades que servem de apoio para voos de longo alcance ou para operações militares, como no caso da guerra das Malvinas. A ilha de Ascensão, além disso, é utilizada como ponto de apoio para o deslocamento de tropas estadunidenses que partem da base militar de Palanquero, na Colômbia, com destino ao continente africano. Além dessa função de suporte logístico para seus aliados, estes enclaves militares anglo--norte-americanos estão nas proximidades das águas territoriais do Brasil, onde se localizam importantes reservas petrolíferas (na camada pré-sal).

# 2. Micro-história de um Conflito

O arquipélago das Ilhas Malvinas, atualmente território britânico no Atlântico Sul, é constituído por duas ilhas principais e um número elevado de ilhas menores, situadas ao largo da costa da América do Sul, mais ou menos à latitude de Rio Gallegos (capital da província argentina de Santa Cruz). É um arquipélago formado por duas ilhas principais e aproximadamente outras 700 ilhas menores, todas somando uma área total de 12 173 km². Compreende como dependências os arquipélagos das Ilhas Geórgias do Sul e Sandwich do Sul, e as Ilhas Shetland do Sul. Só um destes arquipélagos, as Ilhas Malvinas, tem uma (reduzida) população civil nativa permanente. As ilhas são consideradas, pela Inglaterra, propriedade soberana do trono britânico e de "sua majestade a Rainha Elizabeth". O litoral argentino, no seu ponto mais próximo às ilhas, fica só a 480 quilômetros delas, ou seja, meia hora de viagem aérea.

As duas ilhas principais são: Soledad, a leste, e Gran Malvina, a oeste, separadas pelo canal de San Carlos. O litoral é acidentado e o relevo montanhoso. Em Soledad, a ilha mais povoada, está localizada a capital, Port Stanley ou Puerto Argentino, onde vive mais da metade da população, que atualmente mal supera três mil pessoas (depois do incremento da presença militar decidido pela Inglaterra em 1982, antes do qual a população mal ultrapassava mil pessoas). A vegetação nativa nessas ilhas foi substituída para servir de pasto ao gado e à criação de ovelhas (um dos ícones da bandeira colonial britânica das Malvinas), mais de 600 mil animais, e, devido à ausência de uma vigilância sanitária, o litoral das ilhas encontra-se tomado por roedores. A extração de petróleo e gás natural é importante; os *kelpers* (habitantes britânicos das ilhas, nome derivado da alga regional gigante *kelp*) possuem a renda *per capita* mais elevada da América Latina, graças à pesca e ao petróleo: US$ 60 mil/ano, renda que pode elevar-se ainda mais se se concretizar a extração de 350 mil barris de petróleo a partir de 2016. Os *kelpers* não eram considerados cidadãos britânicos até o Ato de Nacionalidade britânico de 1983, que foi uma consequência da guerra com a Argentina. Existem 348 km de estradas nas Ilhas Malvinas, dos quais apenas 83 km são pavimentados. Existem vários portos: Port Stanley, Fox Bay, Fitz Roy.

Navios franceses, no século XVII, desembarcaram nas Ilhas Malvinas (*Malouines*, em homenagem ao porto francês de Saint-Malô, de onde tinham saído, daí seu nome espanhol/argentino)[1]. Há quem sustente que naves espanholas já haviam avistado as ilhas em 1520 (Esteban Gómez, capitão de um dos navios da frota de Fernão de Magalhães, viu de longe umas ilhas que poderiam

---

1. O nome *Falklands* foi dado por John Strong em 1690, em homenagem ao Visconde de Falkland, nobre escocês patrocinador da sua expedição, que realizou o primeiro desembarque inglês nas ilhas.

ter sido as Malvinas). "Descobertas" de fato em 1540 por uma expedição comandada pelo frei Francisco de Ribera, financiada pelo bispo de Valencia, Gutiérrez de Vargas y Carvajal, a Espanha tomou posse das Malvinas a 4 de fevereiro desse ano.

A argumentação em favor da prioridade espanhola na descoberta e ocupação iniciais sempre visou sustentar jurídica e diplomaticamente a soberania espanhola das ilhas, herdada pela Argentina, ex-vice-reinado espanhol do Rio da Prata. Desde sua ocupação francesa as ilhas foram motivo de conflito entre Inglaterra, França e Espanha, e depois, como se sabe, entre Inglaterra e Argentina. A tentativa de ocupação/colonização francesa foi feita com base em população acadiana (povo francófono da América do Norte; segundo alguns historiadores, existiriam descendentes dessa população "francesa" nos atuais habitantes das ilhas). Entre 1690 e 1833, os conflitos se sucederam, até culminarem com a ocupação britânica de 1833.

A primeira investida britânica no Rio da Prata aconteceu em janeiro de 1762, ocupando a Colônia do Sacramento no marco da Guerra dos Sete Anos, na qual a Inglaterra e a Espanha ficaram em bandos opostos. Em outubro desse ano, o espanhol Pedro de Cevallos recuperou a Colônia. Logo depois, uma frota anglo-portuguesa (destinada a ocupar Buenos Aires) foi vencida pelos espanhóis na Banda Oriental. A fundação do Vice-reinado do Rio da Prata, em 1776, foi uma medida político-militar orientada para deter o avanço de Portugal e Inglaterra, no mesmo momento em que expedições inglesas e francesas se dirigiam às costas patagônicas.

Em janeiro de 1764, o francês Louis Antoine de Bougainville ocupou as ilhas com duas fragatas. A 17 de março, os franceses fundaram uma colônia na atual ilha Soledad. A 5 de abril tomaram formalmente posse do território em nome de Luís xv, rei da França, fundando a base naval francesa de Port Saint Louis (na Malvina Oriental). No ano seguinte, Bougainville retornou às ilhas com 80 colonos e gado de pastagem. Antes disso, o Lord inglês George Anson (que exercia a oficial profissão de pirata), voltando de uma viagem de pilhagens marítimas, propôs em 1744 à coroa inglesa invadir as Malvinas, pela importância de sua localização (para a atividade de corsário). Assim, ignorando a presença francesa na ilha, em 1765, John Byron (oficial naval britânico) estabeleceu uma base militar em Egmont (Malvina Ocidental). A Inglaterrra concluíra que as ilhas possuíam importância estratégica para controlar a passagem interoceânica. A missão de Byron foi secreta, oficialmente se dirigia às Índias Orientais, e só revelou seu destino ao sair de sua escala no Rio de Janeiro. Byron tomou posse do porto e ilhas adjacentes "em nome de Sua Majestade, o Rei George III da Grã-Bretanha, e as nomeou Falkland Islands". Em 1766, por sua vez, a França vendeu sua base à Espanha.

*Louis-Antoine de Bougainville (1729–1811).*

Bougainville deu detalhes da operação de venda e transferência da posse francesa à Espanha:

> España reivindicó estas islas como una dependencia de América Meridional, y habiendo sido reconocido su derecho por el rey, recibí orden de ir a entregar nuestros establecimientos a los españoles. Habiendo Francia reconocido el derecho de su Majestad Católica sobre las islas Malvinas, el rey de España, por un principio de derecho público reconocido en todo

el mundo, no debía ningún reembolso por los gastos. Sin embargo, como adquirieron los navíos, bateles, mercaderías, armas, municiones de guerra y de boca que componían nuestro establecimiento, este monarca, tan justo como generoso, ha querido reembolsarnos de nuestros adelantos, y la suma de 618.108 libras nos ha sido entregada por sus tesoreros, parte en París y el resto en Buenos Aires.

No recibo da operação, entregue pelo oficial francês às autoridades espanholas, lia-se:

Don Luis de Bougainville coronel de los ejércitos del Rey Cristianísimo. He recibido seiscientos diez y ocho mil ciento y ocho libras trece sueldos y once dineros que importa un estado que he presentado de los gastos que han causado a la Compañía de San Maló las expediciones hechas para fundar sus intrusos establecimientos en las Islas Malvinas de S.M.C. (Su Majestad Católica).

A Espanha, logo depois, declarou guerra à presença britânica nas ilhas, mas a disputa se acalmou no ano seguinte, decidindo-se que a parte oriental seria controlada pela Espanha e a parte ocidental pelos britânicos. Em 1767, a maioria, mas não todos (trinta ficaram), dos habitantes franceses das ilhas foram retransportados para a França. A administração colonial espanhola designou então autoridades para as ilhas. Depois de algumas tentativas fracassadas, a Espanha recuperou militarmente a totalidade das ilhas em junho de 1770. Uma pequena frota saída de Montevidéu, sob comando de Juan Ignacio de Madariaga, rendeu rapidamente Port Egmont depois de alguns tiros de canhão. Pela primeira vez, a Espanha ocupava realmente as ilhas em sua totalidade. Seu primeiro governador espanhol, Felipe Ruiz Puente, fez construir vários prédios e uma caserna, assim como uma pequena igreja cujo nome, Nuestra Señora de la Soledad, batizou a ilha.

Em finais da década de 1780, o primeiro-ministro inglês, William Pitt, aceitara uma proposta do líder independentista venezuelano Francisco de Miranda, que queria constituir na América do Sul um império governado por um descendente dos incas, e solicitava o apoio da Inglaterra e dos Estados Unidos em troca de liberdades comerciais irrestritas e do usufruto do istmo do Panamá para construir un canal interoceânico. A Convenção de Nutka em 1790, pondo fim à guerra anglo-espanhola, cancelou a expedição militar que preparava Pitt. Em 1796 o gabinete de Pitt elaborou um novo plano de intervenção militar na América do Sul. A Rússia e a Áustria, porém, romperam sua aliança com Londres, deixando-a exposta aos ataques da Espanha, França e Holanda, o que adiou a expedição. Ela acabaria acontecendo, uma década depois.

Antes da reocupação inglesa das Malvinas, em 1833, houve duas sérias tentativas inglesas de transformar os domínios espanhóis do Rio da Prata em colônias inglesas. Depois de reconhecer (pela convenção de Nutka) a soberania espanhola sobre as ilhas do Atlântico Sul, o que motivou a saída dos escassos colonos ingleses estabelecidos nas Malvinas, a Inglaterra aproveitou a invasão napoleônica da Espanha, e a consequente crise (desabamento, seria melhor dizer) do império colonial espanhol para invadir o Rio da Prata, fazendo flamejar a bandeira inglesa sobre a Praça Maior de Buenos Aires por algumas semanas, em 1806. A ascensão de Napoleão em 1799 renovou a aliança franco-espanhola, desfeita pela Revolução Francesa. Em 1802 a Espanha declarou guerra a Portugal, principal aliado da Inglaterra no continente europeu. As invasões inglesas no Rio da Prata (1806-1807) foram episódios dessa guerra.

A primeira tentativa colonial-pirata inglesa no Rio da Prata, comandada pelo general Beresford, à cabeça de uma das melhores unidades militares britânicas (o regimento 71 da Escócia) fracassou, não pela oposição das autoridades espanholas (que fugiram), nem da aristocracia comercial local (que a apoiou), mas pela resistência da população. Em abril de 1806, desembarcou em Quilmes o Regimento 71 de Highlanders, com ordens de ocupar Buenos Aires, quando toda a estrutura econômica da colônia espanhola despencava. Os 1600 soldados ingleses ocuparam Quilmes sem problemas. O vice-rei espanhol, marquês Rafael de Sobremonte, ordenou o armamento da população e dispôs suas forças na margem norte do Riachuelo, o que resultou em um fracasso. Sobremonte, que esperou na retaguarda, fugiu para Córdoba. A 27 de junho de 1806, as autoridades do vice-reinado se renderam.

Um oficial francês de Napoleão, Jacques (Santiago) de Liniers, casado com uma "argentina", filha do comerciante espanhol Sarratea, contra-atacou, chegando com 500 homens desde Montevidéu, e recebendo em Buenos Aires o apoio de 2000 milicianos voluntários. A "aristocracia" colonial tinha abandonado o apoio a Beresford, pois as intenções deste se reduziam ao saque da colônia espanhola (pirataria), não à sua integração econômica ao British Empire. O oferecimento de ajuda militar indígena feito pelos caciques tehuelches e pampas, no entanto, foi rejeitado, presumivelmente pelo temor dos *criollos* (brancos nativos da colônia) à possibilidade de ver Buenos Aires ocupada por tropas indígenas. O Cabildo Aberto de Buenos Aires, depois da vitória militar de Liniers contra os ingleses, nomeou-o vice-rei, destituindo Sobremonte, o que antecipou (em quase quatro anos) a proclamação formal da autonomia do vice-reinado do Prata em relação à Espanha.

Em 1807, houve uma nova tentativa militar inglesa, comandada pelo general Whitelocke, que experimentou novo fracasso, muito mais sério, pois desta vez as forças inglesas empenhadas eram bem maiores e fortes do que no ano precedente, onze mil homens, o que significa que a Inglaterra atribuía uma importância estratégica à ocupação do Rio da Prata e do Atlântico Sul. Montevidéu, ocupada, foi inundada com mercadorias inglesas de baixo preço, que foram contrabandeadas para Buenos Aires. Com 1300 soldados ingleses ocupando Montevidéu, mais de oito mil britânicos invadiram Buenos Aires em julho de 1807, sitiando-a. Desta vez, logo de início, toda a população portenha se armou e ofereceu resistência (para grande surpresa dos britânicos).

*Invasão inglesa de Buenos Aires (1807).*

A invasão inglesa da cidade portuária se transformou logo em catástrofe: só no primeiro dia, o exército inglês sofreu 1200 baixas e 1200 prisões. No dia seguinte, mais duas mil baixas, que obrigaram Whitelocke a uma rendição humilhante. De retorno à Inglaterra, Whitelocke foi julgado e condenado (degradado) por um Conselho de Guerra, órgão de Estado. O procurador inglês (Richard Ryder) mostrou o verdadeiro alcance da derrota: "Desvaneceram-se nossas esperanças de abrir novos mercados para as nossas manufaturas". A revolução industrial inglesa impunha novas urgências à política externa do Reino Unido, que ultrapassavam em muito a antiga pirataria (corso), tornando a conquista externa e o ataque às possessões coloniais de outros impérios uma razão de Estado. A 14 de setembro de 1807, o *Times* de Londres escrevia, a respeito da derrota inglesa no Rio da Prata, que ela era "talvez o maior desastre sofrido por este país desde a Revolução Francesa" (que concluíra, mediante Napoleão, no bloqueio marítimo da Inglaterra).

A rejeição popular das "invasões inglesas" de Buenos Aires foi considerada o fato político-militar que evidenciou o anacronismo do domínio colonial espanhol no Rio da Prata e deflagrou a constituição e consciência da nacionalidade argentina. As investidas inglesas na região se repetiram depois do fim das guerras napoleônicas (em 1815), chegando às Malvinas em 1833. O duque de Wellington, vencedor de Napoleão em Waterloo, porém, havia escrito: "Revi os papéis concernentes às ilhas Falkland. De nenhum modo me fica claro que tenhamos algum dia possuído soberania sobre essas ilhas". A ocupação inglesa das Malvinas em 1833, portanto, deve ser vista não isoladamente, mas como parte das tentativas inglesas de estabelecer domínios coloniais britânicos no Atlântico Sul.

No meio tempo, em 1811, durante as lutas pela independência na América do Sul, os espanhóis abandonaram as ilhas, que ficaram praticamente desertas durante quase uma década. Em 1820, a Argentina enviou soldados para reocupar as ilhas em nome do novo governo independente, proclamado em 1816 em Tucumã. Eles eram comandados pelo norte-americano David Jewett, ex-coronel do exército independentista dos EUA. O primeiro governador argentino das ilhas, Pablo Areguatí, chegou à Ilha Soledad em 1823, informando os navios estrangeiros (baleeiros e foqueiros) sobre a proibição de pescar em suas águas territoriais. Em 1825, a Inglaterra assinou um Tratado de Amizade, Comércio e Navegação com as Províncias Unidas (Argentina), tratado onde nenhuma linha era consagrada às Malvinas, ou aos supostos direitos ingleses sobre elas.

*Fragata Heroína em Puerto Soledad, novembro de 1820.*

A colonização argentina das ilhas, na prática, só começou em 1827, quando a Argentina enviou finalmente alguns colonos-habitantes permanentes. A anteriormente francesa Port Saint Louis foi rebatizada Puerto Soledad, e em 1829 foi nomeado governador das ilhas Luis María Vernet, alemão de origem francesa, naturalizado argentino, para colonizá-las. Os primeiros "argentinos-malvinenses" (incluída uma filha de Vernet) nasceram já em 1830, nas ilhas. O governador-delegado de Buenos Aires, Martín Rodríguez, criou a "Comandância Política e Militar de Soledad". Em 1829, a Argentina, país recentemente criado, tornado nação independente apenas treze anos antes, se encontrava ainda mergulhada em guerras civis, com suas fronteiras internas e externas ainda não bem definidas. Nesse ano, a batalha de Ituzaingó entre tropas de Barbacena e Alvear (Argentina) definiu a independência do Uruguai.

Vernet fez construir prédios, um *saladero* de peixes e uma processadora de couros de foca, realizando também um levantamento topográfico das ilhas. Foi durante o primeiro governo de Juan Manuel de Rosas em Buenos Aires que colonos argentinos se estabeleceram nas Ilhas Malvinas. Em 1831, Vernet apreendeu três baleeiros norte-americanos exercendo ilegalmente sua atividade. A tripulação do baleeiro Harriet foi enviada para ser julgada em Buenos Aires, o que iniciou um forte contencioso diplomático Argentina–EUA. George Slacum, cônsul dos EUA, protestou fortemente junto ao governo argentino, reivindicando o direito dos EUA de pescar onde bem entendesse.

*"Retrato de dom Luis Vernet" óleo sobre tela realizado por Luisa Vernet Lavalle de Lloveras.*

O conflito não ficou restrito à diplomacia. Houve, logo depois do incidente, uma operação de revide comandada pelo capitão norte-americano Silas Duncan (comandando o navio Lexington), que destruiu as instalações argentinas de Puerto Soledad, na qual foram feitos seis prisioneiros, posteriormente entregues ao governo da Argentina. Naquele momento, a população de Puerto Soledad contava, oficialmente, com *"124 habitantes: 30 negros, 34 porteños, 28 rioplatenses angloparlantes y siete alemanes, a los que se le sumaba una guarnición de aproximadamente 25 hombres*". O novo cônsul dos EUA em Buenos Aires, Francis Baylies, comunicou-se com seu par inglês (Henry Fox) para lhe dizer que os EUA reconheceriam a soberania inglesa sobre as ilhas em troca da permissão para os EUA de pescar livremente na região. Baylies e Slacum foram expulsos da Argentina devido ao episódio, que causou uma ruptura diplomática de onze anos entre Buenos Aires e Washington.

Antes de se retirarem, os *marines* norte-americanos declararam as Malvinas "livres de todo governo". Agentes dos EUA na Europa advertiram o ministro inglês John Woodbine Parish acerca da fragilidade militar da posse argentina das ilhas, convidando-o a ocupá-las. Assim, pouco depois do ataque norte-americano a Puerto Soledad, o Reino Unido anexou como território colonial as Ilhas Malvinas, declarando nunca ter renunciado a elas (o que contrariava, obviamente, os acordos previamente assinados com a Espanha). A Argentina, por isso, na prática, só teve autoridade de fato sobre as ilhas entre 1820 e 1833, um total de 13 anos.

Em agosto de 1832, o *premier* inglês, Lord Palmerston, ordenou ao contra-almirante Thomas Baker, chefe do destacamento sul-americano da armada inglesa, que preparasse a imediata ocupação inglesa das "Falkland". Rosas nomeou, em setembro, o sargento Esteban Mestivier governador interino das Malvinas, sem efeitos práticos: só em dezembro, um navio argentino, comandado por José Maria Pinedo, chegou às ilhas. Em 2 de janeiro de 1833, chegou também a fragata britânica HMS Clio, navio de guerra, comandada pelo capitão John James Onslow, que informou os argentinos que o Império Britânico iria retomar a posse das ilhas. O capitão José Maria Pinedo, considerando que não havia condições para resistência, embarcou seus homens e voltou para a Argentina.

O Reino Unido "colonizou" a partir desse momento as ilhas com um reduzido número de escoceses, galeses e irlandeses (Puerto Soledad transformou-se em Port Stanley), expulsando os colonos argentinos, alguns dos quais resistiram chefiados pelo *gaucho* Antonio Rivero, chamado de "Antook" pelos ingleses[2]. As ilhas passaram a ser denominadas, pelos novos colonizadores, de Falkland. A Argentina iniciou, então, uma longa série de protestos diplomáticos, cada vez menos enérgicos, recusando formalmente a nova situação[3]. Os novos habitantes coexistiram por um bom período com os habitantes argentinos (*gauchos*), que conheciam o terreno e sabiam suprir suas necessidades com o que havia no lugar (animais selvagens e gado *cimarrón*). Em mar-

2. Depois da reocupação inglesa, "en las islas crecía el descontento entre los criollos, en su mayoría gauchos y charrúas. Además de la natural exaltación patriótica motivada por la invasión británica, se les había prohibido viajar a Buenos Aires, y el capataz Jean Simon, apoyado por el ex mayordomo de Vernet, Matthew Brisbane, y con la excusa de la ocupación británica, intentaba extenderles las ya pesadas tareas campestres, entre otros excesos de autoridad. Además seguían recibiendo por toda paga los vales firmados por el ex gobernador, que no eran ya aceptados por el nuevo responsable de almacenes, el irlandés William Dickson".

3. "El 17 de junio de 1833 Manuel Moreno, enviado argentino ante el gobierno del Reino Unido, presentó la protesta formal en un largo documento escrito en inglés y en francés. La Protesta, como generalmente se conoce al texto, repetía en su substancia los fundamentos ya enunciados en el decreto de nombramiento de Vernet: dado que la innegable soberanía española sobre las islas había cesado debido a la independencia de sus territorios en América, las Provincias Unidas del Río de la Plata, como nueva nación independiente y reconocida por Gran Bretaña y otros estados, la había sucedido en los derechos sobre la jurisdicción de los mares del sur. Gran Bretaña, por lo tanto, quedaba excluida del asunto, y no tenía derecho a reclamo alguno. La respuesta británica llegó seis meses más tarde. En carta de Lord Palmerston, el gobierno británico reiteraba la no extinción de los derechos anglosajones sobre las islas, fundamentados en el restablecimiento del asentamiento de Port Egmont en 1771. Alegaba que el posterior abandono de la base se había debido a cuestiones 'de austeridad' y no de renunciamiento, como 'atestiguaba' la placa de plomo oportunamente fijada por los marinos ingleses al retirarse. El gobierno argentino calificó la respuesta de Palmerston como insatisfactoria, por lo que Moreno volvió a protestar el 29 de diciembre, sin obtener respuesta del Foreign Office."

ço de 1833, e novamente em março de 1834, o navio Beagle que transportou Charles Darwin na histórica viagem que precedeu à formulação da sua teoria da evolução das espécies, ancorou na ilha Soledad. Darwin, em seu *Diário de Viagem*, deixou longas observações acerca do modo de vida dos argentinos malvinenses, cuja habilidade no cavalo e para caçar animais, com uso de *boleadoras* e laço, ele admirava.

Desde finais de 1831, com a derrota do general Lamadrid diante do caudilho da província de La Rioja, Facundo Quiroga, na batalha de La Ciudadela, a República Argentina vivia uma pausa no período de guerras civis que a haviam percorrido desde sua proclamação. A questão da capital (Buenos Aires), ou seja, a questão da unidade nacional, porém, ainda não estava resolvida. Em 1833, segundo Juan Carlos Nicolau, "os interesses econômicos dos *hacendados* [grandes proprietários de terra do pampa bonaerense] tinham melhorado, tendo em conta a melhora (internacional) dos preços agropecuários, o que lhes permitia acentuar sua influência nos fatos políticos sucessivos". Com o governo de Juan Manuel de Rosas (a partir de 1829), a oligarquia bonaerense, composta basicamente por criadores de gado baseados em grandes latifúndios, com uso de escassa mão de obra, afirmou-se na luta para impor seus interesses particulares como interesses nacionais hegemônicos.

Existia a possibilidade de uma resposta militar, em 1833 ou logo depois, à ocupação britânica das Malvinas? Estamos no terreno da especulação militar, não desprovida, porém, de fundamento. A Argentina possuía uma força naval, e na guerra da independência contra a Espanha os corsários argentinos (principalmente o irlandês Guillermo Brown e o francês Hipólito Bouchard, ambos naturalizados argentinos) tinham imposto sérias derrotas à armada espanhola, no Pacífico, em uma frente de batalha que se estendia do sul do continente até o Equador. A Argentina (ou melhor, Buenos Aires), porém, sequer controlava ainda o território da Patagônia. Os interesses comerciais da oligarquia bonaerense vincularam-se cada vez mais às vendas ao mercado mundial, dominado pela Inglaterra.

O governo de Rosas, reivindicado pela tradição historiográfica nacionalista argentina[4], chegou a propor a troca da soberania

4. Juan Manuel José Domingo Ortiz de Rozas y López de Osornio, nascido em 1793, entrou muito jovem para o exército, ainda no período colonial, e enfrentou a segunda das invasões inglesas de Buenos Aires (1807). Transformado depois em um grande proprietário de gado no Pampa, organizou em sua estância um exército privado para combater os índios. Em 1828, ao ser derrubado o governador de Buenos Aires, Dorrego, posteriormente executado pelos unitários, Rosas encabeçou um levante que triunfou em Buenos Aires e no resto do litoral argentino, mas não nas províncias do interior. Depois de ter capturado o general unitário José Maria Paz, o interior foi reconquistado e a Argentina voltou à unidade, como "Confederação Argentina", sob a égide de Rosas, Estanislao López, de Santa Fé, e Facundo Quiroga, de La Rioja. Rosas foi governador de Buenos Aires (1829-1832), mas renunciou por não lhe serem concedidos poderes absolutos. Mesmo assim, Rosas continuou dominando a situação do país como comandante em chefe do exército. Em 1831 se firmou o "Pacto Federal", abolindo o centralismo e unificando "federalmente" o país. Foi firmado pelas províncias de Entre Rios, Santa Fé e Buenos Aires, e depois pelas restantes. Rosas foi nomeado para um segundo quinquênio de governo na província de Buenos Aires, entre 1835 e 1840, conferindo-lhe, finalmente a *soma do poder público*. "El Restaurador" (das leis) obteve isso através de um plebiscito, com 9320 votos a favor (e cinco contrários...). Buenos Aires contava com apenas 60 mil habitantes, incluídos mulheres, velhos e crianças, que não votavam. Novamente governador de Buenos Aires em 1835, com plenos poderes, teve que enfrentar o bloqueio da armada francesa (1838) e o enfrentamento com a Confederação Peruano-Boliviana. Depois de conseguir um tratado com a França, foi apoiado pelos governadores do interior. Deste modo, em 1842, alcançou o poder absoluto sobre o território argentino. Apoiando-se nas "massas federais" (camponeses, gaúchos, negros), organizou o Partido Restaurador Apostólico e manteve o país numa perene cruzada contra os unitários, exterminando seus inimigos. Seu governo ditatorial conseguiu a estabilidade política interna, manteve a unidade nacional e favoreceu o crescimento das exportações. Interveio nos conflitos internos do Uruguai, apoiando Oribe contra Rivera. Sitiou Montevidéu, mas os britânicos obrigaram a esquadra argentina a levantar o bloqueio. A Argentina sofreu então a intervenção dos britânicos e franceses, que bloquearam Buenos Aires (1845) e organizaram uma expedição para penetrar pelo rio Paraná, frustrada pelo exército de Rosas. Em 1850 o general Justo José de Urquiza, governador da província de Entre Rios, se rebelou com o apoio dos unitários remanescentes e dos governos do Brasil e de Montevidéu, invadiu Santa Fé, marchou sobre Buenos Aires e derrotou as tropas

nas Ilhas Malvinas pela anulação da dívida da Argentina com o banco britânico Baring Brothers, devida ao empréstimo contraído pelo governo de Bernardino Rivadavia em 1824 (um milhão de libras inglesas), dívida que demorou um século para ser paga, comprometendo as finanças públicas do país. Os defensores de Rosas argumentam que ele só propôs o arrendamento das ilhas, e de uma parte da costa patagônica, que, se concretizado, equivaleria ao reconhecimento inglês de fato da soberania argentina sobre essas regiões. É um raciocínio diplomático duvidoso, baseado na mais do que ingênua suposição de que um contrato de aluguel teria mais peso e valor do que a presença de tropas e companhias da primeira potência mundial do século XIX nesses territórios.

O representante inglês em Buenos Aires comentou o discurso de Rosas na inauguração da legislatura bonaerense de 1838:

> Luego atiende a la ya gastada cuestión de la injusticia de su ocupación (de Malvinas) por Gran Bretaña, sin recibir, me atrevo a decir, mucha simpatía del público con excepción de las pocas personas que han especulado con la instalación de una propiedad en ese lugar. Seguramente eso ocupará un párrafo anual en cada mensaje hasta que el tema muriera de cansado, al menos que una causa sin méritos induzca al gobierno a avivar el tema para escudarse tras él.

Os governos bonaerenses e, depois, argentinos priorizaram a conquista da Patagônia sobre a população nativa, conquista que foi levada até o completo extermínio dessa população na década de 1880, na "campanha do deserto". A ocupação inglesa das Malvinas ficou como uma questão puramente diplomática, só

---

de Rosas na batalha de Caseros (1852). Rosas se exilou na Grã-Bretanha, nas cercanias de Southampton, levando somente caixas com documentação, das quais se utilizaria após sua morte o historiador Adolfo Saldías para escrever sua *Historia de la Confederación Argentina*. Morreu em 1877. Seus restos foram repatriados à Argentina durante a primeira presidência de Carlos Saúl Menem.

lembrada na segunda metade do século XIX pela incipiente cartografia do país.

*Juan Manuel de Rosas (1793-1877), o "Restaurador das Leis".*

Em 1833-1834 a única "resistência militar" argentina nas Malvinas teve caráter informal, e foi protagonizada por alguns trabalhadores argentinos deslocados para as ilhas durante a breve tentativa de colonização argentina. A historiografia argentina atribuiu, majoritária e, depois, oficialmente, o caráter de "resistência nacional" às ações do *gaucho* Rivero, nativo da província de Entre Rios, situadas entre agosto de 1833 e janeiro de 1834 (quando as autoridades inglesas retomaram o controle total das ilhas), embora alguns historiadores as qualifiquem de simples atos de bandidagem, desprovidos de qualquer caráter político nacionalista. Nem precisa dizer que essa é também a versão oficial inglesa sobre o episódio. Rivero reivindicava o pagamento em prata (e não em papel-moeda) de trabalhos já realizados, pelo que alguns historiadores qualificaram sua resistência como "luta de classes". O campeonato argentino de futebol de 2012, no 30º aniversário da ocupação das Malvinas, foi batizado pela AFA (Associação do Futebol Argentino) com o nome de Antonio Rivero.

Antonio Rivero e seus *gauchos* foram finalmente derrotados pelos ingleses, havendo também controvérsias acerca das circunstâncias da morte de Rivero, em combate contra os ingleses na Vuelta de Obligado[5], ou pobre e esquecido na Argentina, na década posterior. Segundo outra versão, os ingleses decidiram assassinar e expulsar os habitantes argentinos das Malvinas, matar os que resistissem e encarcerar en Londres até sua morte o *Gaucho* Rivero, "chefe da guerrilha que os enfrentou durante meses", um exagero evidente[6]. Outras versões dão conta de que Rivero permaneceu alguns anos em prisões inglesas, sendo enviado depois ao Rio de Janeiro, de onde se dirigiu novamente para a Argentina. Seu plano nas Malvinas teria sido o de roubar uma embarcação para voltar à Patagônia.

5.  A Batalha da Vuelta de Obligado foi um combate naval travado em 20 de novembro de 1845 entre uma esquadra anglo-francesa – que pretendia ingressar pela força no rio Paraná – e tropas argentinas. Enfrentou a Confederação Argentina liderada por Juan Manuel de Rosas, que nomeou comandante das forças argentinas o general Lucio Norberto Mansilla. A intervenção anglo-francesa se realizou sob pretexto de pacificação, arbitrando os problemas existentes entre Buenos Aires e Montevidéu. Inglaterra e França se "autoconvocaram" como mediadores do conflito.

6.  Assim é que: "*El 26 de agosto de 1833, en Puerto Soledad, tres gauchos, entre ellos Antonio Rivero, y cinco indios, asaltaron las casas de los que habían sido los principales apoyos de Vernet (encargado de las islas hasta la usurpación británica). El motivo es confuso, pero al parecer se habría producido por problemas económicos. Los revoltosos exigían el pago de sus trabajos en plata y no en papeles. El cabecilla del grupo era Antonio Rivero y le seguían los criollos Luna y Brasido, además de los indios Flores, Godoy, Salazar, González y Latorre. Los asesinados fueron: el capitán Brisbane, quien era en ese entonces el representante inglés de las islas y segundo de confianza de Vernet. Juan Simón era francés y dirigía los trabajos de los gauchos. Rivero y su grupo tenían extrema confianza en él, sin embargo fue asesinado. William Dickson era el despensero y había recibido órdenes de los ingleses al igual que Simón. Ventura Wagner era alemán. Ventura Pasos era un simple ocupante de las islas. La población no superaba el número de 26, y escaparon a los islotes cercanos por miedo a ser asesinados. Vivieron atemorizados y casi sin víveres durante cuatro meses hasta que la flota británica Challenger llegó a las islas*". O Challenger chegou às Malvinas em janeiro de 1834. Rivero só se entregou aos ingleses em março desse ano, enquanto seus companheiros o fizeram de imediato.

*Óleo da batalha naval de Vuelta de Obligado.*

Em 1839 um comerciante britânico, G. T. Whittington, fundou a Falkland Islands Commercial Fishery and Agricultural Association, reclamando do governo de Sua Majestade licença para exploração econômica das ilhas em petição assinada por cem "homens de negócios" britânicos. As magras levas de colonos britânicos das ilhas tiveram essa origem comercial. Regularmente, no parlamento inglês, alguns deputados reclamavam que as ilhas só oneravam o orçamento britânico, sem trazer benefícios, pelo que deveriam ser devolvidas à Argentina. O célebre Samuel Johnson redigiu um informe nesse sentido, afirmando literalmente que as ilhas "não valiam nada". Ainda assim, a 23 de junho de 1843, dez anos depois da invasão, as ilhas foram incorpora-

*Antonio "El Gaucho" Rivero, em representação imaginária.*

das aos domínios do Reino Unido através de documentos firmados pela Rainha Victoria, trasladando a capital de Port Egmont para Port Stanley. As ilhas foram incorporadas ao orçamento oficial do Reino Unido, sob protestos de vários deputados ingleses, como Molesworth (que reconhecia a legitimidade da reivindicação argentina sobre as Ilhas Malvinas).

As ilhas viveram um pequeno auge econômico na segunda metade do século xix, quando eram usadas como escala ou ponto de conserto para navios britânicos que se deslocavam do Atlântico para o Pacífico pelo Estreito de Magalhães, chegando a ser um dos maiores "cemitérios de embarcações" do mundo. Essa atividade teve seu ápice durante a "febre do ouro" da Califórnia, a partir de meados do século xix. Com a construção do Canal de Panamá, essa atividade declinou completamente, voltando as Falklands à sua relativa insignificância econômica e estratégica original.

Em 1884 já se haviam passado 35 anos desde o último protesto argentino diplomático formal sobre as Ilhas Malvinas; o tema da soberania das ilhas tinha um papel muito secundário no âmbito das cada vez mais estreitas relações bilaterais Argentina–Inglaterra. Ainda assim, a 15 de dezembro de 1884 o Instituto Geográfico Militar argentino publicou um mapa da República Argentina que incluía as Ilhas Malvinas como território argentino, o que provocou o protesto da embaixada do Reino Unido em Buenos Aires. Diante da interpelação do cônsul inglês Edmund Monson, a chancelaria argentina respondeu com evasivas e declarações de amizade…

Em 1885, o governo dos eua, solicitado, se negou a indenizar a Argentina pelos acontecimentos das Malvinas de 1831-1833, que culminaram com a reocupação das ilhas pela "pátria mãe" (dos eua). Isto não deve surpreender. A "Doutrina Monroe" (1823) dos eua (quando estes ainda eram, segundo Karl Marx, "uma colônia econômica da Inglaterra", embora politicamente independente) que seria posteriormente (com o seu "corolário Roosevelt", de 1904) base ideológica e política do intervencionismo norte-americano na América Latina, atendeu primariamente os interesses ingleses.

Segundo Ruggiero Romano: "A doutrina Monroe constituiu de fato um instrumento que ajudou notavelmente a política inglesa na América (não por acaso, a declaração americana foi adotada graças à pressão do primeiro-ministro inglês), pois serviu para manter longe do continente americano todos os que não estavam subordinados aos interesses ingleses, mas não certamente estes últimos. A doutrina não jogou seu papel contra a Inglaterra quando esta interveio entre 1830 e 1840 na América Central para alargar as fronteiras da Honduras britânica. Igualmente, *quando em 1833 a Inglaterra ocupou as Ilhas Malvinas, nem quando em 1845 o Rio da Prata foi bloqueado pela frota anglo-francesa.* Na primeira metade do século XIX, os EUA estavam essencialmente interessados em sistematizar sua fronteira meridional: o primeiro passo foi dado com a compra da Louisiana à França (em 1803), e com a Flórida comprada à Espanha em 1819. Em 1845 anexou-se o Texas, que em 1836 separou-se do México. Só em 1845 os EUA começaram uma política de franca agressão, tirando do México, através da guerra, o Novo México, o Arizona, a Califórnia, o Nevada e o Colorado. Mas, até meados do século XIX, a Inglaterra se encontrou sem rivais nem oposição" (grifo nosso)[7].

A permanente reivindicação argentina sobre a soberania das ilhas, usada como argumento diplomático, é, na verdade, um mito historiográfico nacionalista. Fora alguns protestos diplomáticos, cada vez mais tímidos, nada fizeram os governos argentinos do sé-

---

7. Ruggiero Romano, "Le rivoluzioni del centro e sudamerica", em *Le Rivoluzioni Borghesi*, Milan, Fratelli Fabbri, 1973. Cf. também Dexter Perkins, *Historia de la Doctrina Monroe*, Buenos Aires, Eudeba, 1964; e Wayne S. Smith, The United States and South America: beyond the Monroe Doctrine", *Current History* nº 553 (90), New York, fevereiro 1991.

culo XIX, nem sequer no terreno propagandístico, para pressionar pela devolução das ilhas. Os governos oligárquicos do século XX deram continuidade, na matéria, à atitude dos governos do século precedente. Foi só na década de 1940, com o governo peronista, que algumas atitudes, de caráter, sobretudo, simbólico, foram adotadas.

A 21 de julho de 1908, em pleno auge da corrida imperialista mundial, a Coroa Britânica emitiu uma Carta Patente Real que formalmente anexava as Ilhas Geórgias, Órcadas, Shetland, Sandwich, e a Terra de Graham à colônia inglesa das Ilhas Falkland. O controle do sul da África (Rodésia, África do Sul), junto com isso, garantia ao Reino Unido a hegemonia marítima sobre o Atlântico Sul, ponto potencialmente importante em caso de conflito bélico mundial. Ainda assim, em 1933, quando da visita do vice-presidente argentino Julio A. Roca à Inglaterra (ocasião em que foi celebrado o "Pacto Roca-Runciman", talvez o maior exemplo de subserviência de um governo argentino à Coroa Britânica)[8], o governante argentino definiu seu país como "a pérola mais valiosa da coroa de Sua Majestade Britânica". Podiam governos desse tipo sequer esboçar uma atitude soberana perante a Grã-Bretanha?

Ainda assim, em junho de 1940, já com a Segunda Guerra Mundial em andamento, o Foreign Office inglês redigiu um do-

---

8. O pacto foi firmado pelo vice-presidente argentino Julio Argentino Roca e pelo presidente do British Board of Trade, Walter Runciman, encarregado de negócios britânico. No esteio da crise econômica da década de 1930, a Grã-Bretanha – principal parceiro econômico da Argentina – adotara medidas para proteger o mercado de carnes no Commonwealth, só comprando carnes a suas ex-colônias: Canadá, Austrália e África do Sul. Para evitar que a política comercial inglesa afetasse a balança comercial argentina, o governo do presidente argentino Agustín Pedro Justo subscreveu esse pacto, depois ratificado pelo Senado argentino. A Argentina aceitou a isenção de taxas alfandegárias para produtos ingleses ao mesmo tempo em que assumiu o compromisso de não habilitar frigoríficos de capitais nacionais. Paralelamente criou-se o Banco Central da República Argentina, sob a direção de um *board* com forte composição de funcionários do Império Britânico.

cumento intitulado *Proposed offer by His Majesty's Government to reunite Falkland Islands with Argentina and acceptance of lease*, no qual aceitava a possibilidade de se chegar a um acordo de domínio compartilhado, documento que ficou sem consequências ulteriores. Em 1941, na Escola de Guerra Naval da Argentina, o capitão de fragata Ernesto R. Villanueva apresentou um plano de "Ocupação das Ilhas Malvinas", que ficou engavetado. Logo depois da Segunda Guerra Mundial nasceu a Organização das Nações Unidas que, em sua *Carta*, apresentou uma "Declaração relativa a territórios não autônomos", em que solicitou aos Estados membros indicar que colônias estavam dispostos a descolonizar: a Grã-Bretanha incluiu as Ilhas Falkland/Malvinas entre as 43 possessões oferecidas.

*Selo das Falkland, reproduzindo as Ilhas Georgias do Sul, depois de um século de ocupação inglesa.*

A passagem do continente para a órbita de influência político-militar norte-americana teria de esperar a Segunda Guerra Mundial, e seu desfecho. Na Conferência Interamericana de Chanceleres de Rio de Janeiro (1942), os EUA impuseram a quase todos os países latino-americanos a participação, beligerante ou não, no conflito bélico (em favor dos Aliados): só a Argentina e o Chile resistiram ao *diktat* ianque, expondo-se a sanções econômicas. Vários países centro-americanos propuseram, na ocasião, que fosse declarada guerra contra os países sul-americanos que não rompessem relações com os países do Eixo. Depois da guerra, a pressão política e militar completou-se com a assinatura (1947) do Tratado Interamericano de Assistência Recíproca (TIAR), que previa o direito de intervenção militar em qualquer país latino-americano em caso de agressão externa (mencionava-se explicitamente a "agressão do comunismo", o que deixava uma margem de arbítrio bastante grande como para permitir uma intervenção militar da neonata OEA [Organização dos Estados Americanos] sob qualquer motivo ou pretexto).

A República Dominicana foi vítima em 1965 desse tratado, quando foi invadida pelos *marines* (fuzileiros navais dos EUA) travestidos em soldados da OEA. O general-presidente nacionalista Perón, à diferença de seus predecessores militares de 1942, assinou esse tratado em nome da Argentina. Os tratados, por outro lado, completaram-se com as mais variadas formas de "integração militar", que colocaram os exércitos latino-americanos sob controle quase direto dos EUA. Uma das mais conhecidas foram as periódicas manobras navais UNITAS, começadas em 1957 com a presença conjunta das frotas dos EUA, da Argentina, do Brasil e do Uruguai. Para Vivian Trias essas manobras consagraram o fim da influência militar britânica na América Latina, e o triunfo completo das pressões militares e políticas norte-americanas para obter a hegemonia militar na região.

Antes disso, o primeiro governo peronista (1946-1952) havia tentado algumas pressões militares acompanhadas de pressões diplomáticas para reaver os arquipélagos do Atlântico Sul. Em finais de 1947 uma esquadra da Marinha argentina fez manobras nas águas próximas às Malvinas, com desembarque de pessoal e equipamento em várias ilhas do Atlântico Sul. O Reino Unido deslocou a fragata HMS Snipe, apoiada pelo cruzador HMS Nigeria. Depois de conflitos menores, os navios argentinos se retiraram; o governo inglês manteve na área durante algum tempo os navios mencionados.

Em 1952 a Argentina anunciou planos para a ocupação efetiva dos territórios que reclamava como próprios, deflagrando incidentes menores na baía Esperança, na Antártida. A resposta britânica foi a de destacar para a zona o cruzeiro HMS Superb com autorização para o uso de força. Em 1953, houve um desembarque argentino na Ilha de Decepción, pertencente às Shetland do Sul. A Inglaterra enviou novamente o HMS Snipe para forçar a retirada argentina. No mesmo ano, houve conflito na ilha de Dundee, mas a Marinha argentina limitou-se a ações de caráter simbólico.

Segundo noticiou em 1984 o jornal espanhol *El País*:

> El presidente argentino Juan Domingo Perón intentó comprar las islas Malvinas al Gobierno de Londres el año 1953, según revelaron documentos oficiales de aquella época hechos públicos en la capital británica. Perón hizo su oferta firme de compra a través de un enviado especial, que asistió como representante argentino a la coronación de la reina Isabel II de Inglaterra, el 2 de junio de 1953. El Gobierno británico rechazó la oferta – que no se concretó en un precio –, por temor a que cayera el gobierno de sir Winston Churchill. El documento de 1953 detalla las conversaciones que mantuvieron en un céntrico hotel de Londres el entonces presidente del Senado argentino, almirante Alberto Teisaire, y lord Reading, por aquella época subsecretario de Exteriores británico con responsabilidad sobre los asuntos latinoamericanos.

O documento em questão, classificado secreto pelo Foreign Office britânico, tinha sido liberado depois de trinta anos de confidencialidade.

A política de pressões e ameaças militares simbólicas foi abandonada pelo governo argentino depois da derrubada militar de Perón, em 1955. Em 1965, houve a resolução da ONU, já citada. Em 1966, porém, pouco depois do golpe militar de junho que derrubou o governo de Arturo Umberto Illia e levou à ditadura do general Juan Carlos Onganía, um grupo nacionalista-peronista de direita, chefiado por Dardo Cabo, militante de 25 anos de idade, sequestrou um avião DC4 das Aerolíneas Argentinas, pousou nas Ilhas

*Juan Domingo Perón, durante seu primeiro mandato (1946-1952).*

Malvinas e declarou a sua reconquista pela Argentina. O grupo foi imediatamente desarmado pelas autoridades britânicas.

Dardo Cabo, filho de um dirigente sindical metalúrgico peronista, começara sua militância política no Movimiento Nacionalista Tacuara, de extrema direita, e depois criou, em 1961, o Movimiento Nueva Argentina (MNA), grupo peronista de direita. O "Operativo Cóndor" foi realizado a 28 de setembro de 1966, quando militantes do MNA, em número de dezoito, sequestraram o avião das Aerolíneas Argentinas e o desviaram em direção das Ilhas Malvinas, plantando a bandeira argentina ao chegarem. O grupo se encontrava acompanhado por jornalistas do jornal oficiosamente peronista *Crónica*.

Dardo Cabo e seus companheiros, deportados à Argentina, passaram três anos em prisões de seu próprio país por terem atacado a colônia inglesa[9]. Diante do golpe militar de Onganía, Perón,

---

9. Na década de 1979, Dardo Cabo, como aconteceu também com outros militantes da mesma origem política, se deslocou para a esquerda peronista, dirigiu a revista *El*

*O jornal argentino* La Razón *noticia a ação nas Malvinas do grupo chefiado por Dardo Cabo.*

desde seu exílio espanhol posterior à sua derrubada em 1955, chamara a *"desensillar hasta que aclare"* (expressão *gaucha* que significa "ficar na expectativa"). O "Operativo Condor" (não confundir com a ulterior "Operação Condor" dos exércitos sul-americanos) foi uma ação propagandística (suas possibilidades de vitória militar, obtendo a restituição das ilhas à Argentina, eram iguais a zero) destinada, provavelmente, a pressionar o governo militar de Onganía a adotar um rumo político nacionalista.

Durante meio século foi configurado um vasto sistema de domínio político-militar norte-americano na América do Sul, substituindo a antiga influência dominante das potências europeias (principalmente Inglaterra). O domínio inglês sobre as Malvinas, de sobrevivência de um passado colonial, transformou-se em uma peça auxiliar, mas funcional, desse sistema, na

*Descamisado* e se incorporou com seu grupo aos Montoneros, guerrilha dirigida por Mario Eduardo Firmenich. Foi assassinado junto a Roberto Rufino Pirles durante a ditadura militar instaurada em 1976, depois de detido "legalmente" e tirado da Unidade 9 (prisão) de La Plata.

medida em que a Inglaterra passou a ser aliado-subordinado dos EUA no quadro da OTAN (Organização do Tratado do Atlântico Norte), pilar básico da ordem internacional do mundo capitalista no período da "guerra fria". As Malvinas não mais eram um resto anacrônico do colonialismo do século XIX, mas uma peça de um dispositivo estratégico contemporâneo das grandes potências. Pretender ignorar esse fato levaria a ditadura militar instaurada em 1976 a uma queda catastrófica.

# 3. A Origem Política da Ditadura Militar de 1976

A ditadura militar instaurada em 24 de março de 1976 na Argentina teve sua origem na debacle do terceiro governo peronista (1973-1976), no meio de uma degringolada política geral, que criou uma situação revolucionária (ou seja, uma crise política total das instituições governamentais, combinada com uma excepcional iniciativa histórica da classe operária e das massas exploradas) que o golpe militar veio a debelar. O pano de fundo do processo foi a crise econômica mundial escancarada com o "choque do petróleo" de 1973, que afetou as exportações e toda a economia argentina. Em julho de 1974, Juan Domingo Perón faleceu no exercício da presidência da Argentina, sendo sucedido no governo pela sua viúva Isabel, vice-presidente.

A volta de Perón ao governo argentino pelo voto popular (1973), dezoito anos depois de sua derrubada em 1955 por um golpe militar, foi resultado de um acordo político do peronismo com as classes, instituições e partidos que o tinham derrubado em 1955, para impor um desvio político a um recente "terceiro em disputa" no cenário político-social, o desenvolvimento revolucionário da classe operária e da juventude, que ainda não contava com uma expressão política clara. Esse desenvolvimento tinha tido seu ponto alto com as mobilizações iniciadas em maio de 1969, o "cordobaço", a insurreição operária e popular da cidade de Córdoba contra a ditadura militar de Juan Carlos Onganía (1966-1971).

*Memorando extraoficial britânico propondo à Argentina negociações para uma soberania compartilhada sobre as Malvinas (1974).*

Três semanas antes da morte de Perón, em 1974, segundo o diplomata argentino Carlos Ortiz de Rosas, à época em exercício de funções, um documento entregue por James Hutton, embaixador britânico em Buenos Aires, a Perón e ao seu ministro de Relações Externas, Alberto Vignes, em uma reunião confidencial, propunha uma espécie de "soberania compartilhada" sobre as Malvinas, em que as bandeiras da Grã-Bretanha e da Argentina coexistissem nas ilhas, o inglês e espanhol fossem línguas oficiais do arquipélago, e seu governador fosse "designado de maneira alternada pela Rainha e pelo presidente argentino".

O governo inglês que fazia a proposta era exercido pelo Partido Trabalhista (Harold Wilson era o primeiro-ministro, com James Callaghan como encarregado de Assuntos Externos), último governo do Labour Party antes da "era Thatcher". "*Si ponemos un pie sobre las islas, no nos sacan más*", teria dito Perón na ocasião a Ortiz de Rosas. Essas negociações foram, porém, desfeitas durante o governo da viúva de Perón, Isabel Martínez de Perón ("Isabelita"), pois o governo da Inglaterra desconfiava da validade de qualquer acordo assinado com o instável governo da viúva, segundo o mesmo diplomata.

A crise dos sucessores de Perón se escancarou em junho de 1975, por ocasião dos dissídios coletivos salariais (chamados na Argentina de "comissões paritárias", ou simplesmente "paritárias"). Estes eram uma questão explosiva, pois haviam sido suspensos ao longo de todo o precedente governo militar (1966--1973), exercido sucessivamente pelos generais Juan Carlos Onganía, Roberto Marcelo Levingston e Alejandro Agustín Lanusse. Em 1974, foram novamente adiados em virtude do "pacto social" celebrado entre a central operária (CGT) e o governo peronista.

Perón, empossado em julho de 1973, mantivera no cargo de ministro da Economia seu histórico operador econômico, nomeado por Héctor J. Cámpora (presidente durante 45 dias, a partir de 25 de maio de 1973): o industrial, e filiado secreto do Partido Comunista argentino, José Ber Gelbard, de origem judia (o que, obviamente, não satisfazia em absoluto à ala fascista do peronismo, vinculada a loja P2 da Itália). Gelbard tinha exercido o cargo durante o segundo governo peronista (1952-1955) e, nomeado novamente para o cargo em 1973, tinha definido como objetivo que os salários atingissem 50% do PIB (um aumento de 20% em relação à situação precedente), vetando, no entanto, a livre negociação salarial, através do "pacto social".

As greves de 1974 acabaram com o "pacto social" e com o próprio Gelbard, que foi substituído pelo economista "ortodoxo" Gómez Morales. No seu último discurso, na sacada da Casa Rosada, a 12 de junho de 1974, Perón conclamou os trabalhadores a parar com as greves, sob ameaça de renúncia ao cargo, morrendo três semanas depois. Morto Perón, as greves recobraram seu ritmo precedente. Diante da crise social e das lutas cada vez mais radicais do operariado, as negociações salariais foram celebradas finalmente em maio de 1975, depois de suspensas por uma década, durante a qual tinha se acumulado uma forte deterioração dos salários em todos os setores econômicos. Seus resultados (em quase todos os casos prevendo reajustes salariais superiores a 100%) foram anulados, sob pretexto de combate à inflação, pelo governo de Isabel Perón, que decretou um reajuste linear único de 45%, no meio de um brutal ajuste que duplicou os preços, depois de abolido o "controle de preços" vigente desde 1973, ajuste decretado a 4 de junho pelo novo ministro da Economia, Celestino Rodrigo.

Rodrigo fora empossado a 2 de junho com base num "plano de ajuste", que previa uma desvalorização de mais de 150% do peso em relação ao dólar comercial; o aumento médio de 100% de todos os serviços públicos e do transporte; uma alta de 180% dos combustíveis; o congelamento salarial depois do reajuste de 45%. Um plano de fome para os trabalhadores. Um processo hiperinflacionário se deflagrou, com taxas de inflação atingindo os três dígitos.

A anulação das "paritárias" foi uma espécie de *va tout* da clique de Isabel–López Rega, que aspirava a instaurar uma espécie de ditadura civil bonapartista, com apoio da direita peronista, que já tinha deflagrado uma miniguerra civil contra a esquerda (inclusive a esquerda peronista), assassinando a torto e a direito. Diante da notícia da anulação dos convênios já assinados por sindicatos e patrões, recomeçaram espontaneamente greves nos mais diversos setores. Uma delegação da direção sindical peronista (no comando da CGT) comunicou, na Casa Rosada, a recusa da CGT diante da medida, pela boca do dirigente eletricitário Oscar Smith (gesto que lhe custou a vida, poucos meses depois). No meio do caos político, continuou o episódio hiperinflacionário (atingindo a casa dos quatro dígitos anuais), que ficou conhecido como "rodrigaço", devido ao sobrenome do ministro da economia, Rodrigo.

Nesse contexto explosivo, foram deflagradas formidáveis greves contra o governo, justamente por parte dos setores operários que estiveram à margem das lutas precedentes (1969-1974), tradicionalmente controlados pela burocracia sindical peronista – a fábrica Ford, os metalúrgicos de Santa Fé, os metalúrgicos-mecânicos da Fiat tratores – em uma nova prova da profundidade do processo iniciado em 1969, para além do desvio político momentâneo que lhe impusera o retorno do peronismo ao governo do país. Em crise, a burocracia sindical peronista tentou ainda manobras para salvar o governo peronista da oposição militante da classe social que, historicamente, fora sua base social de sustentação, a classe operária.

Durante a greve geral contra o governo Isabel–Lopez Rega[1], em junho-julho de 1975, quando a totalidade do operariado já lu-

---

1.  José López Rega foi ministro do Bem-Estar Social da Argentina durante o governo peronista iniciado em 1973 por Héctor J. Cámpora, depois continuado por Perón e sua

tava contra o governo, os dirigentes sindicais peronistas convocaram uma paralisação isolada, contra a anulação dos dissídios coletivos e... em apoio a Isabel Perón (que acabava de anulá-los!).
Na primeira semana de julho, com 90% da indústria argentina
em greve, não convocada pela burocracia sindical, a central sindical (CGT) finalmente se rendeu ao fato consumado, e decretou
uma paralisação de 48 horas (em 7 e 8 de julho). Foi então a vez
do governo se render, "anulando a anulação" dos dissídios, que
passaram a ter vigência tal como assinados no mês de junho.

Na etapa política aberta com a vitória da greve geral de
junho-julho de 1975, a maior da história do país, o operariado
foi quebrando uma a uma todas as reacomodações do governo,
aprofundando sua crise e somando novos setores à luta. Desti-
tuído Lopez Rega (o "bruxo", Ministro de Bem-Estar Social e ho-

vice-presidente e terceira esposa, Isabel Martínez de Perón. Fundador do grupo para-
policial de extermínio Aliança Anticomunista Argentina ("Triple A"), responsável por
dezenas de assassinatos de líderes políticos, estudantis e sindicais de esquerda, López
Rega foi também membro da loja maçônica P2 (*Propaganda Due*), comandada pelo
italiano Licio Gelli, e com vínculos estreitos com o Vaticano, conforme descoberta efe-
tuada pela polícia italiana em 1981. López Rega foi Comissário Geral da Polícia Federal
Argentina no governo de Isabel Perón, e ficou conhecido pelo apelido de *El Brujo* ("O
Bruxo") devido às suas inclinações astrológicas, que seduziram Isabel Perón, antiga
dançarina de cabaré. Que estes personagens de ópera bufa, mas mortal, tenham fica-
do à cabeça do outrora poderoso, e continentalmente influente, movimento nacional
peronista foi o índice mais claro da decadência histórica do nacionalismo que Perón
encabeçou a partir de 1945. A Loja P2, fundada por Gelli, teve entre seus integrantes
altos funcionários dos governos de Juan Perón, Raúl Lastiri e Isabel Martínez, e vários
altos chefes da ditadura militar que os tirou do poder, como os generais Carlos Suárez
Mason e Luis Alberto Betti, os almirantes Emilio Eduardo Massera e Juan Questa e
o capitão de navio Carlos Alberto Corti. Em 1973, um colaborador de Gelli na P2, o
italiano Giancarlo Elia Valori, colocou Massera em contato com Juan Perón, que lhe
ofereceu ser comandante geral da Marinha, sem saber que assim o designava membro
da Junta Militar que derrubaria sua mulher da presidência. López Rega morreu em
1989, quando o peronismo voltou novamente ao governo, com Carlos Saúl Menem
(entre julho de 1989 e dezembro de 1999) transformado em uma variante folclórica e
corrupta do neoliberalismo.

mem forte do governo Isabel), o governo selou uma trégua social com a burocracia sindical. Horas depois, mais setores de trabalhadores entraram em greve. A burocracia sindical já não garantia a "paz social", o peronismo no governo já não mais servia para conter a radicalização e as lutas dos trabalhadores, a função histórica graças à qual a burguesia argentina o tolerava. A conta regressiva do golpe militar iniciou-se.

Nas fábricas e nos bairros operários, corpos de delegados fabris e comissões internas de fábrica formaram "coordenações zonais interfabris" para organizar a luta: em certos casos (como em Córdoba, segundo centro industrial do país, com a "Mesa de Grêmios em Luta"), elas dirigiam o operariado de toda a região. Um novo patamar de organização operária pela base estava sendo atingido, nacionalmente. Em novembro de 1975, o ministro do Trabalho (o sindicalista securitário peronista Carlos Ruckauf) tentou um golpe contra os setores mais combativos, decretando a absorção do convênio salarial metal-mecânico (o mais vantajoso) pelo metalúrgico, cujo sindicato era controlado pelo principal e mais governista dirigente sindical, Lorenzo Miguel, convênio que previa um reajuste salarial bem inferior ao mecânico (cujo sindicato agrupava os operários de todas as fábricas de automóveis do país).

Nesse momento, todos os operários metalúrgicos-mecânicos do país entraram em greve, dez mil deles fizeram passeata em Buenos Aires. A crise política era total, o governo parecia esvaziado. A partir de dezembro de 1975, quando houve uma primeira tentativa de golpe militar por setores da Força Aérea comandados pelo brigadeiro Orlando Cappellini (chefe da força em Córdoba, sede da tentativa golpista), a burocracia apelou ao último recurso para desorganizar o operariado: os sindicatos foram literalmente esvaziados, tão esvaziados quanto já o estava o governo "isabeliano".

No meio de sua debacle, porém, o governo peronista tomou uma decisão que teria alcance histórico: ordenou ao Estado Maior das Forças Armadas o uso de "todos os meios" (*sic*) para "aniquilar a subversão", esta definida de modo propositalmente vago, de modo tal a permitir operações repressivas em todos os níveis e meios possíveis. A guerrilha, peronista-"montonera", ou "marxista" (do ERP, Exército Revolucionário do Povo), muito infiltrada por agentes policiais ou militares, já estava praticamente inoperante. O ERP mantinha a enfraquecida "companhia do monte" no interior da província de Tucumã ("companhia" que seria fisicamente aniquilada nos meses posteriores) e tentou uma última e desastrada operação de grande envergadura com o assalto ao quartel militar de Monte Chingolo (na província de Buenos Aires), tentativa conhecida de antemão pelos militares, que concluiu em uma derrota catastrófica do ERP, com a morte (fuzilamento, em boa parte dos casos) de centenas de guerrilheiros. Na posterior repressão dantesca orquestrada pelo regime militar instaurado em 1976, as "ordens" oficiais dadas pelo governo peronista (nesse momento exercido pelo presidente do Senado, Ítalo Argentino Luder) foram usadas para defender a "legalidade" de sua empresa de morte de toda oposição militante, e foram inclusive esgrimidas pelos advogados das Juntas Militares quando estas vieram a ser julgadas por crimes de lesa-humanidade, em 1985.

Mas, na virada de 1975 para 1976, a situação do operariado argentino era outra. O aumento dos preços nominais tinha atingido 200% em relação ao momento em que foram assinados os dissídios coletivos, cinco meses antes. Nas prateleiras do comércio faltavam os gêneros de primeira necessidade, lembrando o cenário de boicote empresarial que precedera a derrubada de Salvador Allende no Chile, em setembro de 1973. O empresariado argentino, descrente na capacidade do governo de Isabel Perón (já exonerado seu mentor principal, o "bruxo" López Rega, que tinha fugido do país) para dominar a situação social, já apostava no golpe militar. O Estado Maior das Forças Armadas era ovacionado em uma apresentação de gala no Teatro Colón, com a presença da elite empresarial e social argentina, a oligarquia da terra e a burguesia industrial/financeira, que nele passava a depositar suas esperanças. Dois terços das reservas argentinas em divisas tinham desaparecido (fuga de capitais). Os salvadores fardados, ou a fuga do país: tais eram as alternativas da burguesia argentina.

Em março de 1976, ainda sob governo peronista, a luta contra o novo plano econômico (Plano Mondelli, do nome do novo ministro da Economia) foi organizada pelas diversas coordenações zonais dos trabalhadores. Elas se pronunciavam pelas reivindicações salariais e pelo controle operário da produção (a inflação atingia 1000% anual, o golpismo burguês–empresarial esvaziava as prateleiras e criava um enorme mercado negro) e também pela queda do governo e, em certos casos, por um "governo operário". O Partido Comunista propunha uma convergência cívico-militar (ou seja, golpe militar com apoio civil). As coordenações interfabris careciam de estrutura organizativa nacional; assim, não conseguiram evitar o golpe militar de 24 de março de 1976, que levou o general Jorge Rafael Videla ao poder.

Ninguém se mobilizou em defesa do governo peronista, que caiu em meio à total indiferença popular, naquela manhã chuvosa e cinza. O operariado, porque já não o considerava "seu" governo, em qualquer sentido da palavra. A burocracia sindical, porque já não era capaz de defender nada (Lorenzo Miguel, dirigente metalúrgico, o "homem forte" do sindicalismo peronista, na sua apressada fuga, esqueceu até o casaco numa sala do Congresso Nacional). O movimento operário não conseguiu varrer o governo de Isabel Perón antes dos militares, por ausência de unidade política, e pela deserção completa da luta da burocracia sindical peronista. Iniciavam-se os anos de chumbo (1976-1983), os anos da ditadura militar genocida.

Um ano depois, em fevereiro de 1977, já sob governo militar na Argentina, mas ainda sob governo trabalhista na Inglaterra, o chanceler britânico (Anthony Crossland), em mensagem parlamentar, evocou a necessária cooperação com a Argentina, e até a participação desta, no desenvolvimento econômico das "Falkland", mas sem abrir mão em absoluto da soberania inglesa sobre o arquipélago. Neste ponto, não havia (e não há) diferenças entre "direita" e "esquerda", na Inglaterra. Crossland, certamente, nem sonhava com o que aconteceria cinco anos depois.

# 4. A Ditadura Militar e sua Crise

A Junta Militar de Jorge Rafael Videla, Héctor Orlando Agosti e Emilio Eduardo Massera batizou seu regime de "Processo de Reorganização Nacional". A "reorganização" consistiu, em primeiro lugar, na eliminação física da vanguarda militante da classe operária e da juventude estudantil: "Primeiro, matar todos os subversivos; depois, os colaboradores; a seguir, os simpatizantes; depois, os indiferentes, e por último, os indecisos", foi a definição dada por um de seus expoentes. Além de milhares de pessoas "legalmente" assassinadas, os "desaparecidos" (sequestrados ilegalmente, torturados e mortos) somaram, pelo menos, trinta mil pessoas. Milhares de argentinos optaram pelo exílio, fugindo das diversas formas de repressão e até da miséria. O Centro de Estudos Legais e Sociais calculou, em 1983, em 2,5 milhões o número de argentinos que viviam no exterior (quase 10% da população de 1976). A contrarrevolução militar-imperialista (pois o golpe foi preparado, apadrinhado e publicamente apoiado pelos EUA)

resolveu temporariamente a crise política revolucionária deflagrando uma repressão feroz.

O "processo" militar se autojustificou na eliminação da "corrupção" (peronista) e da "subversão" (armada), ou seja, a guerrilha. O conceito desta última foi ampliado até atingir toda atividade político-social: expor opiniões, reivindicar, escrever, falar,
ler, até pensar (*sic*). Semelhante noção não poderia se apoiar em
nenhum "direito": inventou-se então uma "guerra (nacional) an-
tissubversiva". Os ideólogos extremos da ditadura chegaram a
afirmar que a Terceira Guerra Mundial (contra o comunismo)
começara na Argentina, nesses anos. A consequência desta mistificação (não havia guerra civil na Argentina, a guerrilha de
esquerda era localizada, e já estava militarmente derrotada em
1976) foi a forma ilegal e horrorosa que tomou a repressão: as
"desaparições forçadas de pessoas". Numa guerra real, a questão
dos direitos dos prisioneiros teria estado na agenda política.

As "desaparições", que eram parte de um plano de total extermínio físico, atingiram guerrilheiros, políticos, estudantes,
escritores, dirigentes sindicais, e até membros do próprio governo militar, como o seu embaixador na Venezuela (o político do
partido radical, UCR, Hidalgo Solá) ou empresários como Fernando Branca, assassinado pelo seu sócio Emílio Eduardo Massera (membro da Junta Militar), pois o "método" engoliu seus
executantes, que passaram a usá-lo entre si. Massera comandou
o centro de detenção clandestino da Marinha em Buenos Aires,
situado na ESMA (Escola Superior de Mecânica da Armada). Por
esse local passaram mais de cinco mil detidos-desaparecidos, dos
quais menos de uma centena sobreviveu. Massera foi julgado e
condenado à prisão perpétua em 1985, sendo depois indultado
pelo governo de Carlos Saúl Menem, na década de 1990.

Em depoimento feito a um jornalista (Ceferino Reato) em
2011, Jorge Rafael Videla foi explícito quanto ao método e objetivo

das "desaparições". Estas visavam: 1. a detenção ou o sequestro de milhares de "líderes sociais" e "subversivos" seguindo listas elaboradas entre janeiro e fevereiro de 1976, antes do golpe, com a colaboração de empresários, sindicalistas, professores e *dirigentes políticos e estudantis*; 2. os "interrogatórios" (eufemismo que encobre torturas indescritíveis) em lugares secretos ou centros clandestinos; 3. a morte dos detidos considerados "irrecuperáveis", geralmente decidida em reuniões específicas encabeçadas pelo chefe de cada uma das cinco zonas nas quais foi dividido o país; 4. a desaparição dos corpos, que eram jogados no mar, em rios, arroios ou canais; ou ainda enterrados em lugares secretos, ou queimados em um forno ou em uma pilha de pneus de automóveis.

Disse Videla: "Eram sete ou oito mil as pessoas que deviam morrer para ganhar a guerra contra a subversão; não podíamos fuzilá-las. Também não podíamos levá-las à Justiça", admitindo sua condição de carrasco de uma geração. Como admitir, justificar, abertamente esse papel, perante si próprio e o mundo? Era exatamente aí que entrava um componente essencial da ideologia da ditadura: a suposta "missão de Deus" que estavam cumprindo ("Os assassinos de Deus", chamou-os a pesquisadora canadense Patricia Marchak), com aprovação de seu representante oficial na Argentina: a Igreja Católica.

Diante da pergunta de por que os chefes militares haviam chegado à conclusão de que não podiam levar os detidos diante da Justiça, Videla respondeu: "Também não podíamos fuzilá-los [legalmente]. Como íamos fuzilar toda essa gente? A justiça espanhola condenou à morte três integrantes do ETA, uma decisão que Franco avalizou apesar dos protestos de boa parte do mundo: só pôde executar o primeiro, apesar de ser Franco. Também existia o temor pela reação mundial que a repressão de Pinochet no Chile havia provocado". Para Videla, "não havia outra solução. Estávamos de acordo em que era o preço a pagar para ganhar a guerra e necessitávamos que não fosse evidente para que a sociedade não percebesse. Por isso, para não provocar protestos dentro e fora do país, durante o transcurso dos fatos se chegou à decisão de que essas pessoas desapareceriam; cada desaparição pode ser entendida, certamente, como a maquiagem ou a dissimulação de uma morte". Com base nesse "raciocínio" (de algum modo é preciso chamá-lo), boa parte da juventude e da classe trabalhadora militante argentina foi fisicamente eliminada, ou condenada a uma fuga que para muitos nunca teve fim[1].

Mas a tortura e a morte tinham alvo certo: os primeiros levantamentos da Anistia Internacional, realizados já em fins de 1976, comprovaram que a porcentagem maior de vítimas achava-se no movimento operário, em especial seus setores de vanguarda (delegados de base, ativistas classistas). Esse foi o modo de eliminar a chamada "guerrilha fabril" (o ativismo operário classista) denunciada pouco antes do golpe militar pelo "democra-

---

1. Juan Gelman, poeta e pai de desaparecidos, comentou: "Essa entrevista com Videla, na qual ele confessa que matou oito mil, permite-me descobrir nele uma qualidade que desconhecia: a modéstia. Porque, na verdade, foram mais de 30 mil. Videla se expressa como quem encabeçou o golpe, mas para analisar os golpes necessitamos levar em conta primeiro que eles sempre tiveram respaldo civil, segundo, que houve partidos políticos que os incitaram e, terceiro, que os golpes foram movidos por interesses muito concretos e importantes. Faltou dizer, por exemplo, quantos campos de concentração existiram, o que ocorreu dentro deles e qual foi o destino dos desaparecidos. Certa vez Videla disse (na condição de chefe de Estado) algo assim como: os desaparecidos não existem, mas os militares não são mágicos, eles sabem onde fizeram com que desaparecessem. Videla tampouco disse onde estão os arquivos. Enfim, há uma quantidade de perguntas que os familiares dos desaparecidos se fazem e sobre as quais ele não falou" (*Carta Maior*, 22 de abril de 2012). Em 1984, a Comissão Nacional sobre o Desaparecimento de Pessoas (Conadep) informou ao governo do presidente Raúl Alfonsín que, durante a ditadura militar argentina (1976-1983), haviam desaparecido 8 961 cidadãos, daí talvez a cifra dada por Videla. Videla justificou o uso da tortura ("Deus sabe o que faz, porque o faz e para quê. Aceito a vontade de Deus e acredito que Deus nunca soltou a minha mão": os ditadores achavam mesmo que estavam cumprindo uma missão divina, no que era visível a mão da Igreja Católica argentina) e destacou o papel da "doutrina francesa na luta contra guerrilhas" em seu governo.

ta" Ricardo Balbín (líder da União Cívica Radical, UCR). Era um movimento de extrema reação política do conjunto da burguesia argentina, por intermédio dos militares, contra a perspectiva da revolução social.

O terrorismo antioperário peronista (a célebre AAA, ou Tríplice A, Aliança Anticomunista Argentina, organizada pessoalmente por Perón e López Rega, e atuante desde finais de 1973) foi integrado, incrementado, no terrorismo militar, estabelecendo-se uma continuidade essencial entre os dois regimes. Os militares chamaram de "guerra suja" os seus procedimentos, reconhecendo a natureza do seu comportamento. O termo "terrorismo de Estado", adotado depois, ocultou o essencial: um massacre metodicamente planejado e executado pelas Forças Armadas (tal como o reconheceu a "Comissão Sábato", criada pelo governo Alfonsín em 1984).

Seu cúmplice na tarefa mortífera foi, como dito, a Igreja Católica. Encarregada do Ministério da Educação, com Ricardo Bruera, nomeado em março de 1976, ela promoveu o pior processo educacional obscurantista já conhecido (a teoria dos conjuntos, por exemplo, foi banida do ensino escolar da matemática, por partir de um "princípio comunista"). Monsenhor Plaza (arcebispo de La Plata) distribuía crucifixos nos campos de extermínio (onde os detidos sofriam as piores torturas antes de serem mortos), enquanto Monsenhor Bonamin (capelão do Exército) benzia os "grupos de tarefa" encarregados de sequestrar, torturar e matar; não faltando os que, como o padre e capelão militar Von Wernich, montaram um lucrativo comércio de venda de informações (falsas) aos desesperados parentes dos desaparecidos.

Trinta e cinco anos depois dos fatos, o cardeal argentino Primatesta referiu-se a uma carta de

Emilio Mignone, padre de la detenida-desaparecida Mónica Candelaria Mignone, y una de las más altas personalidades laicas del catolicismo argentino. Mignone había sido ministro de Educación en la provincia de Buenos Aires en la década de 1940 y viceministro de Educación nacional en la de 1960. El fundador del CELS [*Mignone*] le escribió a Primatesta que el sistema del secuestro, el robo, la tortura y el asesinato, "agravado con la negativa a entregar los cadáveres a los deudos, su eliminación por medio de la cremación o arrojándolos al mar o a los ríos o su sepultura anónima en fosas comunes" se realizaba en nombre de "la salvación de la 'civilización cristiana', la salvaguardia de la Iglesia Católica". Agregó que la desesperación y el odio iban ganando muchos corazones.

A um jornalista espanhol, Videla disse: "Mi relación con la Iglesia Católica fue excelente, muy cordial, sincera y abierta", porque "fue prudente, no creó problemas ni siguió la 'tendencia izquierdista y tercermundista' de otros Episcopados". Condenava "algunos excesos", mas "sin romper relaciones".

Con Primatesta, até "*llegamos a ser amigos*". A Igreja Católica argentina sabia, calou e ocultou (o genocídio).

É claro que houve exceções dentro da Igreja (também as houve nas Forças Armadas), mas a instituição clerical como tal foi parte ativa do genocídio, como foi depois denunciado pelas Mães da Praça de Maio ou, correndo risco de vida, pelo artista plástico León Ferrari, pai de desaparecidos. Não raro as exceções clericais, como o bispo da província de La Rioja, Monsenhor Angelelli, ou os padres da ordem palotina, foram vítimas dos assassinos benzidos pelos seus superiores. A "corrupção" foi eliminada hegelianamente, pois foi conservada e elevada a níveis estratosféricos. Negociatas, mas também roubo e venda dos bens das pessoas desaparecidas, sem falar no orçamento astronômico militar, responsável por mais de um quarto da dívida externa, que atingiu 45 bilhões de dólares. Em 1979, um empréstimo de 70 milhões de dólares para compra de armamento foi concedido ao governo Videla... pela Inglaterra. O Estado capitalista assumiu, na Argentina da ditadura militar, sua forma extrema, mas essencial, de máfia armada dedicada ao saque das finanças públicas e, quando possível, da própria população.

Toda a burguesia argentina e seus partidos apoiaram o "processo" militar, só criticando – tardiamente – seus "excessos" (que foram, por outro lado, a regra, não a exceção). A recompensa obtida pelos partidos: suas atividades partidárias só foram "suspensas" (os partidos operários e de esquerda foram oficialmente *dissolvidos*); muitos dirigentes políticos receberam cargos oficiais (prefeituras, embaixadas). O golpe mais repressivo da história argentina criava também as bases para um "grande acordo nacional posterior". Fato essencial, o "processo" militar também tentou, e em parte conseguiu, integrar a burocracia sindical peronista.

A ditadura se propôs reduzir qualitativamente o peso dos sindicatos: o Estado lhes tirou as "obras sociais" e pôs sob intervenção militar os principais sindicatos; os setores em que houve conflitos sindicais (eletricidade, ferrovias) foram militarizados; vários dirigentes sindicais peronistas foram assassinados (Oscar Smith, eletricitário, por exemplo) ou presos (o próprio Lorenzo Miguel, por vários anos). Apesar disso, os burocratas entraram nas comissões assessoras dos interventores militares dos sindicatos e praticaram outras formas de colaboracionismo: foi uma forma extrema de integração sindical ao Estado.

A unidade burguesa em torno do golpe militar explica-se por ser este o último recurso contra o desenvolvimento revolucionário do operariado. Os militares foram muito além, tentando reestruturar a vida política, através de diversos planos (desde um "movimento único" favorável ao regime até uma "democracia gradual" de base corporativa, passando pela manipulação dos cargos internos dos partidos). O PC (único partido de esquerda que foi só suspenso) foi o mais consequente naquela linha, chegando a defender o "democrata" general Jorge Rafael Videla contra um suposto "Plano Fênix" da CIA para derrubá-lo (isto, em meados de 1976). E, no entanto, dezenas de militantes do PC foram mortos pelo governo... O adido militar da URSS na Argentina chegou a saudar, em discurso oficial, a "guerra suja" dos militares argentinos, comparando-a com a guerra soviética contra o nazismo.

A burguesia se dividiu progressivamente, no entanto, em torno do plano econômico do regime militar. O programa do ministro da Economia, Martínez de Hoz, se propunha: *a*) impor um retrocesso histórico das condições sociais das massas trabalhadoras; *b*) a liquidação de uma parte do ativo industrial obsoleto e dos capitais que não podiam sustentar a concorrência internacional; a reativação por meio do reequipamento dos setores capazes de inserir-se mais profundamente nas correntes do comércio mundial; *c*) a criação de um fundo de acumulação mediante um endividamento geral, com concessões (remuneração) enormes ao capital financeiro internacional; *d*) a liquidação da participação do Estado na indústria privada, determinada no passado para salvar as empresas em crise; a desnacionalização da indústria estatizada (700 empresas), para promover um maciço ingresso de capitais capaz de sustentar um novo ciclo de reativação; *e*) a reestruturação da burguesia nacional, promovendo a formação de trustes diversificados na exploração do petróleo, na celulose, na exportação de manufaturas agrárias e matérias-primas, na petroquímica, no aço e nos bancos.

O plano visava dar uma resposta estrutural ao estancamento crônico da economia argentina. Em 1976, o PIB caiu 6%: os rendimentos dos não assalariados subiram 20%, o dos assalariados caiu 30%. Em junho de 1977 uma reforma financeira libertou o mercado de capitais do controle do Banco Central. Outras medidas (restrição monetária, tabela fixa de câmbio, eliminação de tarifas aduaneiras) levaram a pequena indústria à falência. O Estado interveio no processo de concentração, através da "promoção industrial". Um terço das cem maiores empresas argentinas desapareceu do mercado (via fusão com outras empresas, venda ou falência).

Os beneficiados pelo processo de concentração econômica foram setores do grande capital nacional (Pérez Companc, Sasetru, Capozzolo) não raro de origem latifundiária, setor que também se beneficiou de uma grande transferência de renda. Tudo baseado numa brutal queda das condições de vida dos assalariados (o salário real caiu 40% em um ano). Mas a concentração foi paralela a uma queda da produção industrial (-17%, no período 1975-1981). Várias fábricas do estagnado ramo dos automóveis fecharam (Citroën, General Motors, Peugeot, Chrysler) redimensionando o mercado das que restaram. Em toda a indústria, 400 mil operários ficaram desempregados. O negócio bancário cresceu espetacularmente, a atividade financeira explodiu: cada empresa importante criou sua própria companhia financeira.

Muitos dólares chegaram ao país (as taxas de juros exorbitantes transformaram Buenos Aires na melhor praça financeira do mundo), mas era "capital fictício", especulativo, à procura de lucros de curto prazo. As multinacionais não investiram na indústria, devido à recessão e aos juros incompatíveis com qualquer reativação econômica. As grandes empresas tomavam empréstimos no estrangeiro a taxas menores (a dívida externa foi às nuvens) sem expandir a inversão, mas especulando na "ciranda financeira", e enviando os lucros para fora do país. Os custos financeiros das empresas que tomavam dinheiro no mercado argentino atingiam 80% das vendas totais, pois pagavam 60% de juros reais.

Até o golpe militar de 1976, a tendência para a queda da taxa de juros refletia a crise e a falência da indústria, sobretudo em 1975. Não existia demanda de investimentos, e a contrapartida era o aumento de capitais ociosos. Daí originou-se a tendência para a fuga de capitais para o estrangeiro, nesse último ano do governo peronista, como expressão da queda dos lucros "produtivos" e da queda geral da indústria. A política financeira de Martínez de Hoz estruturou-se como alternativa à fuga de capitais, criando uma elevada remuneração para o capital ocioso, inclusive para o capital internacional. O governo organizou o resgate e a salvação do capital em crise às custas dos trabalhadores e das finanças públicas do país.

O novo plano econômico declarava e confiava em que o livre jogo do mercado levaria à racionalidade do capital a "normalizar" a economia, desenvolvendo os setores competitivos no mercado mundial. Mas a lógica do capital não é a racionalidade econômica, mas a procura de lucro (de qualquer origem). O "plano" era uma mistificação em sua própria denominação: não havia plano, mas uma guerra de monopólios, com soluções empíricas e temporárias dispostas pelo governo, que tornavam ainda mais agudas as contradições capitalistas e a anarquia da produção, no contexto da crise mundial iniciada em meados da década de 1970.

No início dos anos 1980, o "modelo econômico" da Junta Militar se esgotou, com 90% de inflação anual, recessão profunda, interrupção de boa parte das atividades econômicas, banalização da evasão do IVA (imposto do valor agregado), empobrecimento da classe média, grande aumento do endividamento externo das empresas e do Estado, salário real cada vez mais baixo. A substituição do chefe da Junta Militar, Jorge Rafael Videla, pelo general Roberto Viola, e posteriormente pelo general Leopoldo Fortunato Galtieri, foram o indicativo da crise econômica, social e política. O fôlego político ilusório da questionada vitória argentina na Copa do Mundo de futebol de 1978 não atingiu sequer a Copa seguinte.

A cerimônia de posse de Viola se realizou em 29 de março de 1981. Deveria governar até o mesmo dia de 1984. Porém, seu mandato durou muito menos: em 11 de dezembro foi removido pelo alto comando da Junta Militar e substituído pelo titular do Exército, Leopoldo Fortunato Galtieri, para completar o que restava do mandato conferido a Viola a partir do dia 22 desse mês. Em março de 1981, a crise econômica era geral, com a falência de um dos maiores bancos argentinos (o BIR), de propriedade de uma das empresas favorecidas pela política do governo militar.

A intervenção do Estado para salvar o banco semioficial, mediante emissão monetária desenfreada, relançou o processo inflacionário: a especulação tornou-se espetacular. O grupo Sasetru, crescido sob a ditadura, foi à falência. Ao fracasso em atrair investimentos estrangeiros, Martínez de Hoz somava agora a quebra das empresas privilegiadas pela sua própria política. Os setores empresariais em crise reagruparam-se na nova central patronal Conae (Confederação Nacional de Empresários), para derrubar o ministro dos militares e do FMI, que já não passava de um simples agente dos grupos financeiros internacionais.

A Junta Militar do general Viola havia tentado reunificar o empresariado, tirando Martínez de Hoz do gabinete e incorporando os representantes diretos do grande capital ao governo. Mas estes careciam de qualquer unidade (sem falar num "plano"). Enquanto as renúncias se sucediam no gabinete, o PIB e a indústria (esta, com uma queda de 10% em 1982) continuavam em queda livre. O único "avanço" foi a liquidação das dívidas dos grupos em falência através da inflação e do endividamento público, beneficiando grupos cujos investimentos tinham sido em 90% financiados ou avalizados pelo Estado: o "liberalismo" militar consistiu na passagem para o Estado das dívidas privadas, destruindo o crédito e a moeda.

Em 1981, finalmente, e depois de cinco anos de ditadura sangrenta, os partidos políticos formaram uma frente opositora, a

"Multipartidária", com vistas a capitalizar a divisão burguesa. Com o país em falência e os planos políticos em bancarrota, não surpreendeu que Viola fosse derrubado pelo general Leopoldo Galtieri, quando mal tinha completado um ano de mandato. Viola fora afetado por algo mais que um problema de saúde, como se informara vagamente. Segundo Moniz Bandeira, a diplomacia dos EUA interveio diretamente na sua derrubada e, ironicamente (pelo que aconteceria depois), na nomeação de Galtieri.

O golpe militar, porém, impusera um sério retrocesso e a perda de conquistas históricas do movimento operário: convênios coletivos, obras sociais, central sindical única (a CGT foi posta na ilegalidade). Ao contrário do que acontecera no Chile de Allende, o operariado já tinha perdido toda confiança no "seu" governo peronista. Sua rápida resposta à política antioperária indica que não tinha sofrido uma derrota histórica, uma desmoralização política que o impedia de reagir. Já em março de 1976 os mecânicos de Córdoba pararam repudiando o golpe. Nos meses seguintes, apesar da repressão selvagem, greves de eletricitários e metalúrgicos tentaram pôr um limite à ofensiva militar. As empresas de energia foram militarizadas, mas aumentos salariais "por baixo do pano" violaram o congelamento salarial.

Em junho de 1977, toda a região operária de San Lorenzo (na província de Santa Fé) parou. Em novembro desse ano, houve greves dos ferroviários e dos operadores do metrô. O setor não foi militarizado, como acontecera em conflitos precedentes: a política de divisão sindical começava a ser derrotada. A tendência para mobilizações nacionais (e não por empresas) não parou. Os ferroviários protagonizaram greves nacionais em 1978, 1979 e 1980. Nesses anos, portuários e metalúrgicos também obtiveram vitórias significativas. Sem essa resistência operária ininterrupta, a crise da ditadura e da burguesia teria, provavelmente, sido resolvida "internamente".

Somente em abril de 1979 um dos setores da direção sindical peronista remanescente decretou uma greve nacional (fracassada por falta de preparação). A burocracia sindical adaptou-se profundamente à ditadura, aceitando intervenções dos sindicatos, elogiando a repressão selvagem contra a esquerda, chegando a defendê-la das críticas internacionais na OIT (Organização Internacional do Trabalho). Com os tradicionais organismos de base (as "comissões internas", os corpos de delegados) na ilegalidade, as frações majoritárias da burocracia sindical tentaram participar privilegiadamente da "normalização sindical" promovida pela ditadura. Só os setores fora do controle dessa burocracia (ferroviários, Mercedes Benz) organizaram verdadeiras lutas salariais.

A divisão da burocracia sindical peronista (em "participacionistas" e "verticalistas") foi arbitrada pelos militares, com o intuito de formar uma direção dócil, não vinculada ao peronismo. As "obras sociais", hospitais e redes de atendimento médico, antigamente sob controle sindical, passaram ao Estado e ao setor privado. Em 1979, a nova "lei sindical" (Lei de Associações Profissionais) proibiu a existência da CGT ou de qualquer central sindical, de sindicatos nacionais e de delegados de base para estabelecimentos de menos de cem operários (situação de 40% do operariado). A reestruturação industrial deixou milhares na rua (47 mil operários foram demitidos apenas nas ferrovias). Foi uma tentativa de reduzir o movimento operário argentino a uma função secundária e decorativa.

Reconstituindo ilegalmente comissões internas (de fábrica) e corpos de delegados, a luta operária impediu um retrocesso histórico de sua classe. Em 1981, greves longas e duras (nos frigoríficos e ferrovias) acompanharam a crise econômica. A virada da situação da classe operária veio em junho de 1981: na greve geral dos metalúrgicos-mecânicos (do sindicato SMATA), cinco mil operários manifestaram-se nas ruas na capital. Só um mês depois, já finda a greve, a burocracia convocou uma greve nacional. A iniciativa política tinha mudado de campo. As lutas operárias e a dos familiares de desaparecidos e presos se apoiavam mutuamente. A "classe média" urbana deixava para trás a confusão e o medo (vastos setores dela apoiaram a ditadura) para passar à oposição ativa.

A direção sindical peronista só se fez opositora junto com a própria burguesia argentina: ofereceu seu apoio à nova central patronal, a Conae, que o rejeitou. Uma tentativa de unificação sindical (na CUTA, Condução Única dos Trabalhadores Argentinos) fracassou por conflitos interburocráticos: não houve acordo sobre a representação sindical argentina na CIOSL (Confederação Internacional de Organizações Sindicais Livres). A pressão da base operária, porém, crescia junto com a fome e o desemprego. Em 7 de novembro de 1981 convocou-se uma "marcha do trabalho", definida pela já oficiosamente relegalizada CGT como "jornada de oração". Os dez mil trabalhadores que foram às ruas não rezaram, mas gritaram publicamente pela derrubada da ditadura militar. Em 10 de dezembro, o limiar repressivo decisivo foi quebrado: ao chamado das "Mães de Praça de Maio", duas mil pessoas fizeram manifestações *durante 24 horas* na praça em frente à Casa do Governo reclamando "aparição com vida" dos desaparecidos (os partidos políticos majoritários se limitavam, nessa altura, a pedir um "informe do governo" sobre os desaparecidos).

A crise política aprofundou-se: o governo militar dependia cada vez mais da capacidade de controle dos partidos políticos e da direção sindical. A burocracia suspendeu uma greve nacional, em março de 1982, devido a um chamado do governo militar à "união nacional" por causa do atrito com a Inglaterra nas Ilhas Geórgias (ver adiante), situadas no Atlântico Sul. Mas em 30 de março a pressão popular era novamente um caldeirão: a convocação de uma jornada nacional de luta não pôde ser evitada. Cinquenta mil trabalhadores compareceram à Praça de Maio atendendo à convocação da CGT. Com a paralisação de 30 de março de 1982, a luta contra a ditadura entrou em uma fase decisiva. As manifestações dos bairros operários de Buenos Aires convergiram na Praça de Maio, exigindo a queda do governo militar. Nas violentas lutas contra a polícia, receberam a solidariedade até dos funcionários dos ministérios.

*Saul Ubaldini, secretário da "CGT-Brasil", dissidência da CGT oficial (ou "CGT-Azopardo"), no ato na Praça de Maio de 30 de março de 1982.*

Até meia-noite se sucederam os combates entre os manifestantes, a polícia e o exército, nas imediações da praça histórica, sede do governo, e no centro de Buenos Aires. Foi uma jornada histórica, a classe operária e o povo levantavam a cabeça novamente, depois de oito anos de uma repressão sem precedentes nem paralelos. A classe operária liderava a luta antiditatorial: um novo "cordobaço" se desenhava no horizonte, desta vez no coração industrial e político do país (Buenos Aires). A CGT tinha tentado pressionar o governo a mudar a política econômica (removendo o ministro de Economia, Juan Alemann), seus dirigentes se reuniam com assessores de Galtieri num apartamento na rua Carlos Pellegrini (no centro de Buenos Aires). Para atingir esse objetivo, convocaram a manifestação de 30 de março de 1982, que lhes escapou do controle, evoluindo para uma batalha campal entre operários e forças repressivas.

*Repressão policial nos arredores da Praça de Maio,*
*30 de março de 1982.*

Nessa data, o plano de ocupação militar argentina das Malvinas já estva em andamento, e levava em conta a situação de crise geral do governo tanto quanto os objetivos estratégicos do Estado militar. A jornada de 30 de março quase adiou a operação militar; no entanto, já era tarde para fazê-la abortar. Ela, por outro lado, apresentava a vantagem de forçar uma "união nacional" através de uma crise externa, propiciada por uma histórica reivindicação nacional. Mas era um regime politicamente falido o que lançava mão desse recurso extremo e perigoso. E não o fazia no cenário político e social em que o recurso fora originalmente concebido.

# 5. A Ocupação Argentina das Ilhas

O recurso antecipadamente preparado pela ditadura foi posto em ação: em 2 de abril de 1982, as Forças Armadas ocuparam as ilhas Malvinas, Geórgias e Sandwich do Sul, territórios argentinos do Atlântico Sul, colonizados pela Inglaterra[1]. Segundo o espião (profissional) anglo-chileno-cubano Hugh Bicheno:

La caída del dictador peruano Velasco Alvarado puso en duda la alianza entre los militares argentinos y peruanos contra Chile. Que la invasión

[1]. Não eram planos secretos: o semanário *Latin America Weekly Report*, publicado em Londres, informava a 12 de março de 1982: "A Argentina está considerando uma ampla gama de opções para uma ação unilateral se a Grã-Bretanha não estiver disposta a fazer concessões. Isto inclui iniciativas nas Nações Unidas, ruptura das relações diplomáticas e, em última instância, a invasão das ilhas. Os funcionários do governo [militar] pensam que as repercussões internacionais de uma linha dura contra a Grã-Bretanha seriam manejáveis. A política externa argentina está firmemente inclinada em favor da administração Reagan, enquanto a massa de suas exportações de grãos é comprada pela União Soviética. Nenhuma das superpotências, se argumenta, mudaria sua política atual para defender a posição britânica". *No comments.*

a las islas planeada por Massera y Anaya (su sucesor en la Armada) no se realizase en 1977, se debe en parte al advenimiento de Jimmy Carter con su programa a favor de los derechos humanos, pero también porque a los otros miembros de la Junta no les cabía la menor duda que para Massera era un peldaño hacia convertirse en el nuevo Perón.

Em 1982, havia dois novos elementos: a crise da ditadura e a consciência pesada dos militares argentinos pelas atrocidades cometidas durante a "guerra suja":

> Los mejores de entre ellos querían recuperar su dignidad profesional y su honra colectiva en una guerra "limpia" contra un enemigo externo, lo que, según ellos, serviría también para rehacer la unidad nacional.

Um "Plano de Campanha Esquemático", elaborado anteriormente pelas Forças Armadas argentinas, recomendava não levar a cabo a ocupação das Malvinas antes de 15 de maio porque, se a Grã-Bretanha reagisse militarmente à ocupação, não conseguiria chegar às ilhas antes de 5 de junho, véspera da chegada do inverno, o que tornaria impossível um desembarque anfíbio. A violenta crise política antecipou os planos bélicos da ditadura (o que teria, como veremos, consequências fatais para esses mesmos planos). Por outro lado, a guarnição britânica nas ilhas Malvinas, Geórgias do Sul e Sandwich do Sul era reduzida, o número de soldados da marinha britânica no arquipélago no momento da invasão era de cerca de uma centena de homens, a distância em relação à metrópole impediria a chegada de reforços em tempo de impedir a ocupação.

A capacidade de guerra anfíbia do Reino Unido a meio mundo de distância não parecia estar à altura dessas circunstâncias, apesar do seu grande poderio aeronaval. E, finalmente, não parecia provável à Junta Militar que o Reino Unido realizasse um contra-ataque em grande escala, afetando o território continental argentino por uma pendência sobre umas ilhas "remotas". Um ano antes, os EUA haviam promovido e apoiado abertamente um golpe político-militar na Jamaica, governada pelo "esquerdista" Michael Manley, amigo e aliado de Fidel Castro. Ora, a ilha caribenha era membro do Commonwealth britânico; a Inglaterra nada fez.

A "Operação Rosário" das Forças Armadas argentinas, concebida pelo almirante Jorge Isaac Anaya, consistia em uma série de ações de intensidade crescente, destinadas à ocupação das Malvinas, Geórgias do Sul e Sandwich do Sul, que seria executada em sentido inverso (de leste a oeste e de menor a maior relevância política), iniciando-se de maneira mais discreta possível, e culminando com a tomada do arquipélago das Ilhas Malvinas e de sua capital, Puerto Argentino (Port Stanley), mediante um assalto direto. Um homem de negócios argentino chamado Constantino Davidoff, dedicado ao comércio de sucatas, havia adquirido de uma companhia escocesa os direitos sobre as três antigas estações baleeiras em Leith (nas ilhas Geórgias do Sul). Estas ilhas, administradas pelo governador britânico das Malvinas, eram unicamente habitadas pelos cientistas da British Antarctic Survey (Pesquisa Antártica Britânica), dirigidas por Steve Martin, e estacionadas em Grytviken, a 40 km de Leith. Davidoff obteve permissão da embaixada britânica para fazer um porto em Leith junto com 41 trabalhadores argentinos, supostamente com objetivo de exercer o seu negócio.

Entre os "trabalhadores" estava um grupo de mergulhadores táticos (tropa de elite da Marinha da Argentina). O grupo chegou a Leith em 19 de março de 1982 a bordo do navio de transporte de tropas Bahía Buen Suceso, comandado pelo capitão Briatore. Davidoff deveria ter-se apresentado a Steve Martin ao atracar nas ilhas Geórgias do Sul. Não somente deixou de fazê-lo como os trabalhadores por ele trazidos hastearam a bandeira argentina em Leith. Martin enviou um dos cientistas para conversar com os argentinos e informar-lhes que pisavam solo britânico e deviam observar certas normas.

A equipe argentina obedeceu, e a bandeira foi retirada. Mas Steve Martin, ainda assim, deu ciência dos fatos ao governador das Malvinas, Rex Hunt. Segundo o comodoro Matassi: "O empresário argentino Constantino Davidoff chegou a Puerto Leith (Ilhas Geórgias do Sul) em 19 de março de 1982, a bordo do ARA Bahía Buen Suceso, para tomar posse das instalações baleeiras que havia adquirido em dezembro de 1981. Este fato foi considerado pelo governo britânico como parte da Operação Alfa, do Comando Naval Argentino, não tendo sido permitida a permanência do Sr. Davidoff e seu pessoal nas ilhas".

O capitão britânico Nick Barker, do HMS Endurance, decidiu então enviar um de seus helicópteros Wasp para fazer um reconhecimento. A partir do navio Bahía Paraíso os argentinos enviaram um helicóptero em atitude agressiva, com o próprio capitão Trombetta a bordo. Barker retirou sua aeronave. O governo britânico notificou a seus oficiais que, se os argentinos tentassem tomar Grytviken, os soldados britânicos deveriam usar coletes de combate amarelos, como os utilizados para operações antiterroristas na Irlanda do Norte...

Em 29 de março de 1982, Trombetta levantou âncora e o Bahía Paraíso se internou no Atlântico Sul. Em Leith permaneceram os fuzileiros navais. Em 30 de março, a inteligência britânica se deu conta da iminência de uma operação militar argentina sobre as Malvinas. O governo inglês ordenou que o destróier HMS Antrim, acompanhado por outros dois navios de superfície e de três submarinos nucleares, se dirigissem às Geórgias do Sul para apoiar o HMS Endurance. O restante das unidades da marinha britânica foi posto em estado de alerta.

*O jornal peronista oficioso* Crônica *acompanha a euforia nacionalista-militar.*

No dia 26 de março de 1982, uma importante força naval argentina havia saído de Puerto Belgrano, no sul do país, sob pretexto de realizar manobras com a frota uruguaia. Na verdade, foram para as Malvinas, embora o mau tempo os tenha atrasado. No dia 30 desse mês, a inteligência britânica notificou ao governador Rex Hunt que a ameaça argentina era real e que se esperava a invasão para o dia 2 de abril. Hunt reuniu suas poucas tropas e as enviou para a defesa das ilhas. Durante a noite de 1º de abril de 1982 e a madrugada da sexta-feira, dia 2, parte da frota marítima argentina operava junto à costa das Ilhas Malvinas. O número de soldados da marinha britânica no momento da ocupação argentina era de cerca de uma centena de homens, sendo assim drástica a superioridade numérica dos argentinos na retomada da ilha. Ainda assim a guarda britânica na capital malvinense (Port Stanley) se armou em atitude defensiva. Nessa mesma noite se reunia o Conselho de Segurança das Nações Unidas, a pedido do Reino Unido, que denunciou "a iminente ameaça de invasão argentina às ilhas". A reação dos representantes argentinos foi imediata. O embaixador argentino nas Nações Unidas denunciou no Conselho a situação de "grave tensão" provocada arbitrariamente pela Inglaterra nas Ilhas Geórgias.

Na manhã de 1º de abril, as forças inglesas apagaram o farol e inutilizaram o pequeno aeroporto local e seus radares. Às 21 horas desse dia, 92 mergulhadores táticos argentinos, sob comando do capitão de corveta Guillermo Sánchez Sabarots, deixaram o destróier Santísima Trinidad e desembarcaram em Mullet Creek às 23 horas. Nessa mesma hora, o submarino argentino Santa Fé emergiu e enviou dez mergulhadores táticos para colocar as boias de radionavegação. Quando o Santa Fé emergiu, foi detectado pelo radar de navegação do navio costeiro Forrest, dando início às hostilidades. À 1:30 de 2 de abril de 1982, os homens de Sánchez Sabarots se dividiram em dois grupos. O primeiro, comandado por ele mesmo, se dirigiu aos acampamentos de infantaria da marinha britânica em Moody Brook para atacá-los.

O segundo, sob o comando do capitão de corveta Pedro Giachino, avançou até Puerto Argentino (Port Stanley) com o objetivo de tomar o palácio do governador e capturá-lo. Porém os britânicos, de sobreaviso, evacuaram os acampamentos, e adotaram posições de combate para defender a localidade. Às 5:45 o grupo de Sánchez Sabarots abriu fogo com fuzis automáticos e granadas contra os acampamentos dos *royal marines*. Em poucos minutos, descobriram que não havia resposta ao fogo. O barulho alertou o major Norman, responsável pelas forças britânicas. O grupo de Giachino se dirigiu diretamente à residência do governador, com intenção de atacá-la pelos fundos. Errando o alvo, entraram pelo anexo da área de serviço, onde três *royal marines* abriram fogo. Giachino caiu gravemente ferido, e seus homens responderam com tiros. Pedro Giachino morreu logo depois, tornando-se assim a primeira baixa da guerra.

Às 6:20 desse dia, o Cabo San Antonio trouxe a "companhia E" com veículos anfíbios LVTP-7 do 2º Batalhão de fuzileiros navais, orientando-se com as boias que haviam sido colocadas pelos mergulhadores táticos do Santa Fé. Na primeira oportunidade, sob o comando do tenente-comandante Santillans, desembarcaram e tomaram a direção do aeroporto. A "companhia D" desembarcou pouco depois para tomar conta do farol. Quando a "companhia E" chegou às proximidades do antigo aeroporto, sofreu o primeiro ataque dos fuzileiros navais britânicos. Um blindado LVTP foi avariado pelo disparo de um míssil antitanque do lança-foguetes inglês Carl Gustav, porém a tripulação saiu ilesa.

O contra-almirante Busser, responsável pelo desembarque argentino, começou a preocupar-se. As tropas blindadas ainda não haviam entrado em contato com os comandos, e a resistência britânica era mais intensa do que o esperado. Ordenou que o 1º Batalhão e uma companhia de lança-foguetes de 105 mm fossem transportados por helicópteros para a costa. Às 8:30, o governador inglês Hunt e o major Norman debatiam o que fazer. Cogitaram até dispersar-se pelo interior das ilhas para fazer uma guerra de guerrilhas, porém finalmente decidiram que com forças tão pequenas isso não tinha sentido. Héctor Gilobert, um argentino residente nas ilhas, foi encarregado de negociar o cessar-fogo. Às 9:30, o governador Hunt se rendeu ao contra-almirante Busser. Um avião de transporte militar argentino levou Hunt a Montevidéu, de onde voltou a Londres.

Nas ilhas Geórgias do Sul, os britânicos não aceitaram a rendição. Na manhã do dia 3 de abril, as forças argentinas tentaram tomar Grytviken; os 22 fuzileiros navais britânicos reagiram. Derrubaram um helicóptero Puma, e também danificaram a corveta Guerrico com fogo de infantaria e de um lança-foguetes, quando as tropas argentinas tentaram aproximar-se do povoado. O cabo Guanca e os soldados Mario Almonacid e Jorge Águila

morreram; outros soldados argentinos ficaram feridos. Finalmente, a corveta Guerrico, com seu canhão principal de 105 mm
inutilizado, disparou uma salva com um canhão de 40 mm contra as posições britânicas. Diante disso, com um fuzileiro ferido
num braço e com os soldados argentinos aproximando-se, os
*royal marines* se renderam. Passado o meio-dia do dia 3 de abril
de 1982, a bandeira argentina tremulava sobre as ilhas Malvinas,
as ilhas Geórgias do Sul e as ilhas Sandwich do Sul.

Noticiada a ocupação, grandes manifestações populares explodiram em toda a Argentina. Fotos dos soldados britânicos
capturados deram voltas ao mundo. Os prisioneiros britânicos
voltaram para casa via Montevidéu. O plano da Junta Militar
parecia ter dado certo. Os militares argentinos, depois da resistência britânica, estavam orgulhosos pela vitória obtida. No dia
seguinte da ocupação era designado governador das Malvinas o
general Mario Benjamín Menéndez. O general Osvaldo J. García
foi designado comandante das Forças Armadas no desenrolar
das operações.

*Capa do* Clarín *de 3 de abril de 1982.*

*Tropas argentinas rendem tropas inglesas.*

Menéndez tinha comandado, em 1975, a Brigada de Infantaria de Monte V, participando no "Operativo Independência", uma operação de contrainsurgência contra a guerrilha do Exército Revolucionário do Povo na província de Tucumã. Tinha sido basicamente uma operação de terror contra a população provincial, com sequestros, torturas e assassinatos sistemáticos, usados também contra as fracas, e rapidamente derrotadas, forças guerrilheiras. Tal era sua única experiência de "combate". Dois generais de brigada argentinos, incluído Osvaldo J. García, estavam no comando das tropas nas ilhas, ambos eram superiores em grau militar a Menéndez, e durante o conflito consideraram suas ordens apenas como sugestões.

*Brigadeiro Lami Dozo e general Mario B. Menéndez.*

As Forças Armadas Argentinas respeitaram a população das Malvinas, realizaram logo mudanças de topônimos por suas versões argentinas, adotaram o castelhano como língua oficial e, entre outras mudanças, modificaram o padrão de circulação de veículos para conduzi-los pela mão-direita em vez da esquerda.

Na Inglaterra, a 2 de abril, o *The Times*, na sua primeira página, se perguntava como tinha ocorrido tal episódio, já que os serviços secretos britânicos vinham captando as mensagens de telex da Embaixada Argentina nos últimos seis meses. O público do Reino Unido ficou perplexo perante as imagens de alguns "soldados terceiro-mundistas" mostrando seus compatriotas rendidos no solo. Na Argentina, pessoas e famílias atingidas pela miséria social, especialmente desempregados, faziam planos otimistas de instalar-se como pioneiros argentinos nas ilhas recuperadas, em bares cheios de pessoas que brindavam pela "vitória" caída do céu. Uma nova era se iniciava para o país?

# 6. A Reação Imperialista e a Guerra

*Galtieri took the Union Jack /*
*And Maggie over lunch one day/*
*Took a cruiser with all hands/*
*Apparently to make him give it back*
(Roger Waters–Pink Floyd, *The Final Cut*)

Roger Waters (que defendeu a soberania argentina sobre as Malvinas, trinta anos depois da guerra, como também fez outro ícone do rock britânico, Morrissey, ex-cantor dos Smiths) expressou, no último disco do Pink Floyd, pouco depois da guerra das Malvinas, a perplexidade da "opinião pública" britânica (que, no caso da Irlanda católica, foi literalmente euforia) diante da ocupação militar argentina das ilhas do Atlântico Sul. O governo conservador britânico, encabeçado por Margareth Thatcher e eleito em 1979, estava debilitado na sua frente interna. Francis Pym, ministro das Relações Exteriores, não via com bons olhos um conflito com a Argentina pela posse das ilhas do Atlântico Sul. Segundo Hugo Young, autor de uma biografia de Margareth Thatcher (largamente usada para o filme que rendeu o Oscar de melhor atriz para Meryl Streep, no papel da "dama de ferro", em 2012), "a guerra para recuperar as Falklands foi o erro mais desastroso de um governo britânico desde 1945.

Desencadeada pela agressão argentina, foi provocada pela ne-
gligência britânica".

Opinião curiosa vinda de quem reconhece que essa guerra
forneceu um crédito político inesperado a esse mesmo governo.
Segundo reconhece esse autor, desde 1966 todos os governos do
Reino Unido reconheciam a anomalia da situação das ilhas. Em
1974 chegou a existir, como vimos, uma proposta inglesa de soberania compartilhada com a Argentina. A mudança de governo
do Partido Trabalhista para o Partido Conservador, com a vitória eleitoral de Margareth Thatcher, não mudou essa política. O
vice-ministro do Foreign Office, Nicholas Ridley, thatcheriano
convicto, elaborara em 1979 uma "solução bipartidária" (Conser-
vador/Trabalhista), propondo a transferência da soberania das
ilhas para a Argentina, com um comodato de longo prazo em
favor da Grã-Bretanha, que continuaria, de fato, mandando e explorando econômica e estrategicamente o arquipélago.

Isto daria satisfação formal aos reclamos de soberania da
Argentina, mantendo na prática o *statu quo ante*. Ridley viaja-
ra duas vezes às ilhas para convencer seus habitantes, os *kelpers*
(não reconhecidos como britânicos), de seu plano. Este foi estra-
çalhado, no entanto, em interpelação parlamentar requerida pela
direita *tory* (conservadora). Mas, como parte do plano mais geral
de redução das despesas estatais de Thatcher (plano ainda não
batizado com o neologismo de "neoliberal"), a Inglaterra anunciou em junho de 1981 a retirada do HMS Endurance do Atlântico
Sul. A velha (e pérfida) Albion, segundo Young, enviava os sinais
errados à Argentina. Que os interpretou (a ditadura) de modo
explícito e imediatista (ou seja, sem ler as entrelinhas, nem con-
siderar o contexto).

Já a 3 de abril, no dia seguinte à ocupação argentina, o Reino Unido conseguiu que a ONU aprovasse a resolução 502, em
tempo recorde, exigindo da Argentina a retirada de suas tropas

dos arquipélagos ocupados como condição prévia para qualquer processo de negociação. O Conselho de Segurança das Nações Unidas emitiu a Resolução 502 "exigindo a retirada das forças argentinas das Ilhas do Atlântico Sul". Votaram os 16 membros do Conselho de Segurança. O único país que votou contra o projeto britânico foi o Panamá do general Omar Torrijos. Abstiveram-se China, Espanha, Polônia e a União Soviética...

**Resolución 502 (1982)**

de 3 de abril de 1982

*El Consejo de Seguridad,*

*Recordando* la declaración formulada por el Presidente del Consejo de Seguridad en la 2345a. sesión del Consejo, celebrada el 1º de abril de 1982[19], en la que se instaba a los Gobiernos de la Argentina y del Reino Unido de Gran Bretaña e Irlanda del Norte a que se abstuvieran del uso o la amenaza de la fuerza en la región de las Islas Malvinas (Falkland Islands),

*Profundamente preocupado* por los informes acerca de una invasión por fuerzas armadas de la Argentina el 2 de abril de 1982,

*Declarando* que existe un quebrantamiento de la paz en la región de las Islas Malvinas (Falkland Islands),

1. *Exige* la cesación inmediata de las hostilidades;

2. *Exige* la retirada inmediata de todas las fuerzas argentinas de las Islas Malvinas (Falkland Islands);

3. *Exhorta* a los Gobiernos de la Argentina y el Reino Unido de Gran Bretaña e Irlanda del Norte a que procuren hallar una solución diplomática a sus diferencias y a que respeten plenamente los propósitos y principios de la Carta de las Naciones Unidas.

*Aprobada en la 2350a. sesión por 10 votos contra 1 (Panamá) y 4 abstenciones (China, España, Polonia, Unión de Repúblicas Socialistas Soviéticas).*

*Cópia da Resolução 502 do Conselho de Segurança das Nações Unidas.*

O Reino Unido também rompeu todas as relações comerciais com a Argentina. O Peru passou a representar os interesses diplomáticos da Argentina no Reino Unido e a Suíça a representar os interesses diplomáticos da Grã-Bretanha na Argentina. Assim, os diplomatas argentinos residentes em Londres se converteram em diplomatas peruanos de nacionalidade argentina, e os britânicos em Buenos Aires, em diplomatas suíços de nacionalidade britânica. No dia 9 de abril, a Grã-Bretanha obteve o pleno apoio da Comunidade Econômica Europeia (hoje União Europeia), da OTAN, da Comunidade Britânica das Nações (Commonwealth) e da ONU. Surgiram "propostas de paz" por parte do secretário--geral das Nações Unidas, o peruano Javier Pérez de Cuéllar, e do presidente peruano Fernando Belaúnde Terry.

A questão chave, claro, era a posição dos EUA. Mas esta existia de antemão, pois antes do 2 de abril, quando os rumores de ocupação militar argentina já eram um barulho audível, Ronald Reagan tinha garantido a Margareth Thatcher o apoio dos EUA à Inglaterra em caso de "ação de força" da Argentina nas Malvinas. Mas esse posicionamento prévio e principal não fechava toda a agenda política dos EUA a respeito, longe disso. Thatcher, pressionada a renunciar em seu país, esperava receber o apoio decidido de Reagan na missão de retomar as ilhas pela força. Em vez disso, a resposta dele foi uma estudada neutralidade. "Somos amigos de ambos os países", comentou o presidente, em sua entrevista em *tête à tête* com a inglesa. Valeria mesmo ir à guerra por causa daqueles "pedacinhos congelados de terra lá embaixo"?

Alexander Haig, secretário de Estado de Reagan, percorreu por isso milhares de quilômetros tentando evitar a guerra entre seus dois aliados, acompanhado de Vernon Walters, ex-vice--chefe da CIA (de lembrada atuação no golpe militar brasileiro de 1964)[1]. Haig representava os interesses gerais dos EUA, mas

---

1. Vernon Walters, em março de 1964, cooperou ativamente com as articulações que levaram à deposição de Goulart. No dia 23 comunicou ao embaixador Lincoln Gordon que o general Castelo Branco, chefe do Estado-Maior do Exército, assumira a liderança da conspiração contra o governo. Deflagrado o movimento contra Goulart, no dia 31 o governo norte-americano enviou o porta-aviões Forrestal e destróieres de apoio em direção às águas brasileiras. Walters permaneceu como adido militar no Brasil até 1967, devido à sua longa amizade com vários dos novos governantes, inclusive o presidente

advogava também em causa própria, como ex-presidente e diretor de operações da United Technologies Corporation, uma das principais fornecedoras de armas à Argentina que, entre 1978 e 1982, gastara no item US$ 16,7 bilhões, quase metade da dívida externa acumulada nesse período.

*Galtieri fala com Haig na presença do general Vernon Walters e do almirante Benito Moya.*

O entrosamento dos militares argentinos com o governo de Ronald Reagan, eleito em 1980, era tal que eles chegaram a propor um pacto político-militar EUA/Argentina/África do Sul (ainda no regime de *apartheid*) do Atlântico Sul, enquanto realizavam tarefas sujas por conta dos EUA na Bolívia e na América Central. A missão de Haig na Argentina visou salvar a "relação especial" entre o país e os EUA, evitando uma guerra aberta, ou seja, a expedição militar

Castelo Branco (1964-1967). Deixando o Brasil, foi servir no Vietnã. No início de 1971, organizou os primeiros encontros secretos entre Henry Kissinger, secretário de Estado norte-americano, e Le Duc Tho, representante do governo do Vietnã do Norte, realizados em Paris com o objetivo de estabelecer as negociações de paz entre os dois países. Em 1972, foi nomeado vice-diretor da Central Intelligence Agency (CIA), cargo ao qual renunciou em 1976.

inglesa, que punha em risco a posição de hegemonia estratégica conquistada pelos EUA no continente. Houve, portanto, importantes diferenças entre a posição dos EUA e a do Reino Unido perante o conflito. A ditadura militar argentina, porém, foi incapaz, como veremos, de explorar essa fresta na frente adversária.

Segundo Alberto Luiz Moniz Bandeira, usando uma expressão tornada célebre pelo chanceler de Menem, Guido Di Tella, na década de 1990, "desta *relação carnal* a Junta Militar inferiu que os EUA estariam também interessados em uma solução favorável à Argentina no litígio sobre as Malvinas/Falkland". A recuperação das Malvinas, para os reacionários chefes militares argentinos, serviria para reforçar sua aliança com os EUA "contra o comunismo", pois eles permitiriam construir uma base militar norte-americana no arquipélago conectada com outra na Patagônia, fechando estrategicamente o Atlântico Sul, e controlando as rotas do petróleo do Oriente Médio, assim como o acesso à Antártida.

Para o mesmo autor, "a administração de Reagan, em maior ou menor grau, induziu a Junta Militar a crer que Washington assistiria à Argentina ou manteria a neutralidade em caso de invasão... A Argentina empreendeu a aventura com algum respaldo em Washington, pelo menos de alguns setores da administração de Reagan". Antes da invasão, quando a Junta Militar argentina perguntou a Vernon Walters, o itinerante embaixador de Reagan, o que ocorreria se a Argentina tomasse as Malvinas, ele respondeu que os britânicos iriam "se queixar, espernear e protestar – e nada mais". O que veio depois provocou uma passageira, mas importante, crise política nas relações EUA–Reino Unido, em que pese a profunda identidade ideológica (anticomunista) de seus governos.

Jeanne Kirkpatrick, assessora presidencial para a política externa de Ronald Reagan, e célebre defensora das ditaduras latino-americanas e de seus métodos violentos (o jornalista brasileiro Paulo Francis a apelidou de "tortura de direita não dói"), foi defensora de uma saída conciliatória com a ditadura argentina, ou até favorável a ela. Os militares argentinos, certamente, não eram versados em semiologia, nem em análises político-estratégicas, e acreditaram que o anticomunismo febril do presidente ianque levaria a melhor sobre os interesses estratégicos dos EUA no Atlântico Norte. Foram, em suma, vítimas de sua própria ideologia, incutida em décadas de lavagem cerebral norte-americana na School of Americas e nos intercâmbios militares. Os EUA, por sua vez, eram responsáveis indiretos pela criação de um magnífico pepino para seu principal aliado no hemisfério norte e na OTAN, ou seja, para si mesmos.

Alexander Haig, por isso (entre outros motivos), não teve sucesso na sua missão dissuasiva junto à ditadura argentina. A neutralidade dos EUA, no entanto, era politicamente impossível. Para recebê-lo em Downing Street, Margareth Thatcher colocou em exibição quadros do Duque de Wellington e de Lord Nelson, dois dos maiores heróis de guerra britânicos, sinal de que o país estava pronto para o combate. Thatcher informou a Haig que estava "pasma" diante da atitude de Reagan e da "constante pressão para enfraquecer" sua posição. Quando Ronald Reagan telefonou insistindo com ela que "demonstrasse a disposição para buscar um acordo", a primeira-ministra finalmente perdeu a paciência. "Estamos numa democracia e aquela ilha nos pertence", vociferou. "O pior resultado para a democracia seria se fracassássemos agora." Ela exigiu saber o que fariam os EUA se o Alasca fosse invadido. Constrangido a se calar, Reagan encerrou o telefonema balbuciando.

O que (ou quem) decidiu a vacilação interna dos EUA em favor da Inglaterra? Segundo o bem informado hispano-falante Hugh Bicheno:

Caspar Weinberger. El poderosísimo Secretario de la Defensa del gobierno de Ronald Reagan dictaminó brindar apoyo sin límites a los británicos desde el primer momento. Mandó al Departamento de Estado y a la CIA olímpicamente a la mierda, y ellos descubrieron la gran verdad: que, al final de cuentas, el Pentágono siempre manda.

No final do mês de abril, finalmente, o presidente norte--americano Ronald Reagan apoiou explicitamente os britânicos. Ao fazê-lo descumpriu o TIAR, tratado pan-americano assinado em 1947, aplicável em casos de guerra, para favorecer a um membro da OTAN, em vez de manter a neutralidade por pertencer a dois tratados de defesa. Galtieri falou então na "traição de Washington". A realidade do *imperialismo* e do complexo militar--industrial norte-americano se impôs aos tratados que regulamentam as relações internacionais.

O Chile de Pinochet, por sua vez, ao optar por apoiar a Grã--Bretanha, descumpriu também seu compromisso com o TIAR. A explicação de que o novo ímpeto de recuperação da soberania argentina poderia chegar até as fronteiras chilenas reconhecidas pelo Laudo Arbitral Multilateral de 1971-1978, que a Argentina havia declarado nulo de forma unilateral (em 1978, chegaram a soar os tambores de guerra entre Argentina e Chile pela soberania no Canal de Beagle, a respeito de três pequenas ilhas, Picton, Nueva e Lennox, que todas as arbitragens internacionais, e até pareceres de peritos argentinos, reconheceram como chilenas), essa explicação toma como base da posição chilena durante a guerra um texto diplomático (e seu repúdio pela Argentina) e não a realidade do imperialismo e da subordinação a ele da Junta Militar chilena. O apoio chileno à Grã-Bretanha não foi diplomático, mas militar, inclusive no episódio mais sangrento da guerra, o afundamento do cruzador argentino General Belgrano, possibilitado pelo apoio da inteligência chilena à frota inglesa, como admitiu Lord Parkinson, membro do Conselho de Guerra do governo Thatcher.

Quando ainda o conflito se encontrava na fase das ameaças e negociações diplomáticas, aconteceu um fato inusitado. O almirante Jorge Isaac Anaya, um dos três membros da Junta Militar, tentou levar o conflito à Europa, sem entrar em combate direto no Atlântico Sul. O plano consistia em afundar navios ingleses em Gibraltar, base britânica no sul da Espanha. A ação, batizada de "Operação Algeciras", teria como base a cidade espanhola vizinha a Gibraltar. A intenção era afundar os navios da Grã-Bretanha sem reivindicar o ataque. Um grupo de ex-guerrilheiros montoneros (provavelmente "quebrados" pela tortura na ESMA, talvez candidatos a camicazes da missão terrorista) e militares viajou à Espanha, três semanas depois da ocupação argentina. Os explosivos foram até Madri via mala diplomática: eram duas minas submarinas italianas com 25 quilos de TNT cada uma. Fingindo-se pescadores argentinos em viagem pela costa espanhola, o grupo mergulharia no Mediterrâneo e colocaria as bombas no casco dos navios. O primeiro alvo seria o HMS Ariadne, que estava a ponto de atracar na base no dia 2 de maio, mas o ataque foi suspenso, já que o presidente do Peru, Belaúnde Terry, propôs um plano de paz. Anaya ordenou ao grupo que ficasse de sobreaviso, já que uma ação em Gibraltar poderia colocar a pique um plano de paz que favorecesse a Argentina[2].

Desde abril de 1982, o Reino Unido contou com apoio diplomático internacional, e com a inteligência norte-americana via satélite, com as últimas versões dos armamentos norte-americanos AIM-9L Sidewinder, mísseis Stinger, e com dados tecnológi-

2. Exatamente a 2 de maio, o cruzador argentino General Belgrano foi afundado pelo submarino britânico HSM Conqueror fora da área de guerra. Anaya teria ordenado ao grupo que prosseguisse com a missão, mas os argentinos foram descobertos com os explosivos pela polícia espanhola, à qual revelaram sua "missão secreta". Segundo Ariel Palacios: "Os trâmites para a detenção do grupo eram lentos e burocráticos. Cansados, os argentinos propuseram aos policiais espanhóis que todos almoçassem juntos. À mesa, o grupo revelou a missão. O delegado espanhol respondeu: – Que pena que você não me disse isso antes! Se soubesse que afundariam um navio britânico os teria deixado livres. Eles nos roubaram Gibraltar!".

cos essenciais da arma mais perigosa do Exército Argentino: os mísseis antinavio Exocet de fabricação francesa. O Reino Unido obteve acesso aos códigos para desativá-los em fase operacional, mas, não obstante as detalhadas informações fornecidas pelo construtor francês Aérospatiale sobre as características dos Exocet e sobre seu sistema de pontaria final, o míssil foi mais perigoso do que se temia, e em nenhum momento da guerra a Inglaterra conseguiu estabelecer contramedidas eficazes contra ele.

Foi com esse apoio político e militar das potências (com os EUA e a França "socialista" de Mitterrand à cabeça: John Nott, secretário britânico da Defesa, escreveu: "Mitterrand e a França foram nossos maiores aliados") que Margareth Thatcher ordenou "corajosamente" à Task Force britânica que recuperasse as Malvinas, enviando uma força com 28 mil combatentes – para enfrentar 500 soldados argentinos que ocupavam as ilhas, sem falar na qualidade do armamento e da logística, elementos que por si só, porém, não determinariam o desfecho da guerra, isto é, da "continuação da política por outros meios". O comandante da Task Force [Força-Tarefa] 317 era o almirante Sandy Woodward, que conhecia os planos de uma eventual intervenção militar nas Malvinas desde 1974, quando fora Diretor Assistente de Planejamento Naval (Ministério da Defesa britânico).

The Sunday Times *de Londres noticia a guerra, uma "blitz".*

Não houve declaração oficial de guerra por nenhuma das duas partes; porém, conforme passava o mês de abril, o mundo viu os dois países entrar em guerra. A Task Force 317 possuía um componente naval que superava cem navios. Entre estes, 40 navios de guerra: dois navios porta-aviões, três cruzadores, nove contratorpedeiros, 20 fragatas, dois navios de desembarque e quatro submarinos. O resto constituía-se de 60 navios de apoio: seis de desembarque logístico, 20 navios-tanque, 13 de carga em geral, oito de transporte de pessoal, dois de serviços especiais, três navios-hospitais, quatro rebocadores e quatro barcos de pesca adaptados. A maior parte dos navios de guerra tinha equipamentos eletrônicos extremamente modernos e eficazes: radares de vigilância, radares de controle de navegação de mísseis, sistemas IFF e de contramedidas eletrônicas. No armamento aéreo defensivo com que contava a esquadra, destacavam-se os mísseis de longo alcance (até 60 km) Sea Dart, mísseis de ataque a baixa e média altura Sea Wolf, mísseis Sea Cat, canhões antiaéreos de 20 e 40 mm.

Para a defesa terrestre das ilhas, o Estado Maior argentino decidiu então aumentar o número de homens, dos 500 soldados do plano inicial para 13 000, que foram deslocados para as ilhas durante o mês de abril por meios aéreos. A completa improvisação desse recurso fica provada por detalhes tragicômicos: os soldados argentinos deviam adquirir por seus próprios meios o bilhete de passagem (trem ou ônibus) até os centros de recrutamento (mas, se assim não o fizessem, seriam considerados desertores), às vezes bem longínquos. Na convocatória, feita por carta, os recrutas eram declarados responsáveis pela sua própria roupa de abrigo contra o frio (para uma eventual guerra em temperaturas permanentes abaixo de zero!) e até para levar material de conserto e costura de suas (precárias) fardas militares...

Ficou evidente a ausência de um plano defensivo estudado meticulosamente pelos Estados-Maiores argentinos, o que levou a tomarem-se medidas apressadas, condicionadas pela velocidade da reação das forças britânicas. Galtieri enviou mais tropas às ilhas sem consultar o Estado-Maior Conjunto. As forças desdobradas pertenciam à 10ª Brigada de Infantaria Mecanizada (sem as viaturas blindadas) e à 3ª Brigada de Infantaria, que, junto com a 5ª Brigada de Fuzileiros Navais, baseada nas ilhas desde a ocupação, integrariam a defesa terrestre. Esta operação exigiu o apoio da aviação de transporte, que trasladou mais de dez mil homens e material logístico durante todo o mês de abril. Isto envolveu toda a força de transporte aéreo disponível: quatro C-130 e alguns F-27. A limitada força de transporte e a pequena extensão da pista (1 350 metros) impossibilitou desdobrar as peças de artilharia de maior calibre e as viaturas blindadas, um erro que o militar uruguaio Rodolfo Pereyra atribuiu à "parca inteligência do general Galtieri".

Os meios aéreos de defesa eram os da Força Aérea Argentina (FAA) e do Comando de Aviação Naval, e os aviões de combate que tiveram implicação direta nos ataques à esquadra e às tropas britânicas foram da FAA: Mirage III EA, Mirage 5 Dagger, Skyhawk A-4 B/C, Canberra MK 62, IA-58 Pucará; e do Comando de Aviação Naval: Super Étendard, Skyhawk A-4 Q, Aeromacchi MB 339. Apenas o sistema de armas Super Étendard tinha a capacidade de lançar armamento de última geração guiado por radar: o míssil Exocet AM-39, de 600 kg, com alcance de trinta milhas. O estoque era reduzido; a Argentina só tinha cinco mísseis. No combate aéreo, apenas o Mirage tinha capacidade de lançamento de mísseis. Em 5 de abril, criou-se a Força Aérea Sul (FAS), sob o comando do brigadeiro Ernesto H. Crespo, com sede em Comodoro Rivadavia. Dele dependeriam todas as unidades aéreas designadas pela FAA e pelo Comando de Aviação Naval, com base no continente, estando organicamente subordinado diretamente à Junta Militar. O Comandante do Teatro de Operações do Atlântico Sul (CTOAS), vice-almirante Juan Lombardo, dirigia as unidades navais argentinas e a guarnição das Malvinas.

Mais e mais navios da Royal Navy se dirigiram à zona de conflito em uma ação sob o comando do almirante John Fieldhouse, que recebeu o nome de "Operação Corporate". Desde o princípio foi evidente que o primeiro objetivo inglês seriam as ilhas Geórgias do Sul. Não somente havia um navio britânico na área, o mencionado HMS Endurance, como também os dados da inteligência notificavam que a presença argentina nestas ilhas era reduzida. Além do desdobramento da Força Tarefa através de 14 000 km, a Grã-Bretanha delimitou, em 12 de abril, uma Zona de Exclusão Total, um círculo com um raio de 200 milhas náuticas com centro nas Falklands/Malvinas.

Reconquistar as ilhas Geórgias do Sul proporcionaria um pequeno ponto de apoio terrestre, e teria um efeito propagandístico de grande importância. A "Operação Paraquat", nas Geórgias, consistiu em uma série de improvisações e despropósitos táticos que saiu bem por pura sorte e pela fraqueza das forças opositoras argentinas, comandadas por Luis Lagos e pelo capitão Alfredo Astiz, "El Niño", um incapaz covarde cujos "méritos militares" consistiam na infiltração das Mães de Praça de Maio (que resultou no sequestro e assassinato de sua primeira dirigente, Azucena Villaflor) e no assassinato de adolescentes (pelas costas, no caso da sueca Dagmar Hagelin) e de freiras (caso das freiras francesas, *soeur* Léonie e suas colegas, assassinadas em cal viva). Astiz, acusado do assassinato de cinco mil pessoas, foi condenado à prisão perpétua por um tribunal civil em 2011, por crimes de lesa-humanidade.

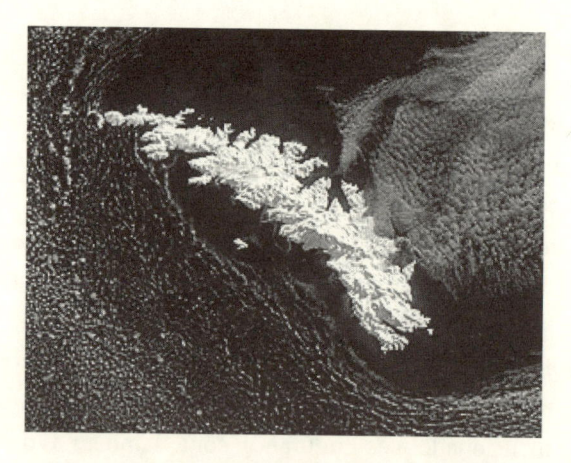

*Ilhas Geórgias do Sul, em fotografia feita por satélite.*

O primeiro navio que chegou às ilhas Geórgias, no dia 19 de abril, foi o submarino nuclear HMS Conqueror, um submarino projetado para combater a armada soviética, com uma tripulação treinada para lutar contra os cruzadores e submarinos russos. No dia 20, um avião de cartografia e reconhecimento por radar retornava à ilha de Ascensão depois de levantar novos mapas do arquipélago (sempre variáveis devido aos glaciares) e de cobrir 150 mil milhas quadradas de mar, numa enorme missão de reconhecimento. Fez mapas detalhados. Durante o dia 21, o restante da força britânica chegou nas proximidades das ilhas, evidenciando a pobre gestão da operação: não estava claro quem mandava sobre quem, e não se atendeu tampouco aos experientes cientistas do British Antarctic Survey, conhecedores da zona.

As capacidades argentinas de reconhecimento eram escassas, mas, apesar de utilizar aeronaves que não estavam preparadas para estas missões (Boeing 707, C-130, LR-35), as habilidades de navegação e pilotagem das tripulações permitiram localizar numerosos objetivos. Exemplo disto foi o descobrimento da Task Force 317, em 21 de abril, no Oceano Atlântico, a três mil quilômetros da costa brasileira (Salvador, Bahia), utilizando-se unicamente a intuição, pois eram carentes da tecnologia de busca marítima.

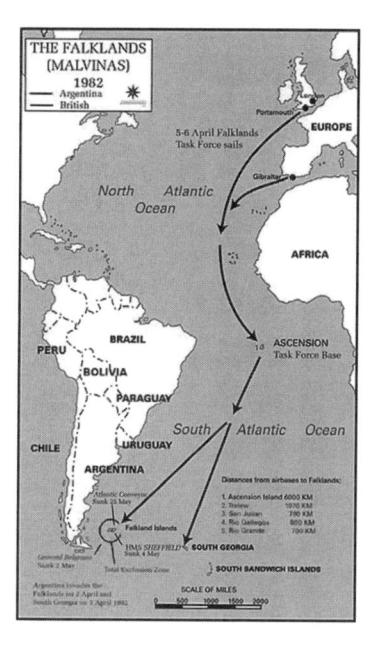

*A rota da Task Force britânica, da Inglaterra até o Atlântico Sul.*

No dia 23 de abril, um eco no sonar de um navio inglês localizou a presença do submarino argentino Santa Fé; todas as operações foram rastreadas de imediato, o HMS Tidespring foi enviado para águas afastadas, outros dois petroleiros em aproximação se desviaram e a frota britânica se posicionou em ordem de combate para interceptá-lo. A "Operação Paraquat" havia se transformado em uma operação de resgate de montanha, e houve a estranha perseguição de um submarino diesel-elétrico argentino construído durante a II Guerra Mundial, enquanto as tropas de Lagos e Astiz em Grytviken e Leith permaneciam distraídas. Os britânicos se concentraram agora em achar um ponto de inserção adequado para perseguir o Santa Fé. As ordens do capitão

Bicain, no comando do Santa Fé, consistiam em evitar a presença britânica para desembarcar os parcos reforços em Grytviken, pois não poderia enfrentar a terceira frota do mundo com um navio que vira um dique seco pela última vez em 1960. Estava tão deteriorado que não podia controlar sua profundidade; só tinha duas posições possíveis, na superfície ou submergido a cota fixa. Operar os tubos lança-torpedos implicava o risco de sofrer uma explosão. Frente e contra ele operavam navios e submarinos construídos para lutar a Terceira Guerra Mundial...

A 25 de abril, um helicóptero do HMS Antrim detectou o Santa Fé e lançou duas cargas de profundidade tão obsoletas quanto o submarino ao qual se dirigiam (era o único armamento que o helicóptero levava a bordo). Uma delas explodiu muito perto e inundou os tanques de flutuação do Santa Fé, que se viu obrigado a sair à superfície. Alvo fácil, Bicain tratou desesperadamente de chegar a Grytviken. Mas outro helicóptero inglês lançou dois mísseis AS-12, que atingiram a torre do Santa Fé, reconstruída em... materiais plásticos (em 1960!), pelo que não ofereceu suficiente resistência para ativar a espoleta dos mísseis, que passaram batidos pelo submarino, sem afundá-lo. Atacado por terceira vez, com torpedos dirigidos contra as suas hélices, para assombro de todos, especialmente de seus ocupantes, o Santa Fé chegou trabalhosamente a Grytviken e foi evacuado. Mas ficou seriamente avariado e se retirou do teatro de operações.

As tropas inglesas acharam finalmente pontos de inserção adequados. Na ausência de patrulhas argentinas, simplesmente caminharam até Grytviken e Leith. Ao chegar à primeira localidade, encontraram bandeiras brancas fincadas nos edifícios. O tenente-comandante Luis Lagos havia decidido não lutar diante das forças britânicas. As Geórgias foram entregues sem combate. Na manhã do dia 26, Lagos firmava a rendição na base do British Antarctic Survey em King Edwards Point. Astiz, responsável pelos quinze mergulhadores táticos em Leith, pela tarde firmaria também a rendição a bordo do HMS Plymouth. A imagem de Alfredo Astiz deu a volta ao mundo. A Union Jack flamejava de novo sobre as ilhas Geórgias do Sul.

*Bombardeiro nuclear inglês Avro Vulcan.*

A Inglaterra dispunha da capacidade de atacar pelo ar tanto as ilhas Malvinas como o território continental argentino. O principal avião de combate utilizado foi o Sea Harrier, em suas duas versões, Harrier FRS1 da Marinha Real e o Harrier GR3 da Real Força Aérea. Ambas as versões tinham seis "cabides" para armamento sob as asas: nos dois internos, portavam os canhões de 30 mm; nos dois intermediários, tanques de combustível ou bombas; e nos dois externos, mísseis Sidewinder AIM-9L infravermelhos de terceira geração. O almirante Fieldhouse não queria ver jatos inimigos operando a partir do arquipélago.

Foi por isso planejada uma série de operações de ataque a terra contra o aeroporto de Puerto Argentino, que se desenvolveria mediante bombardeiros Vulcan baseados na ilha de Ascensão. O Vulcan, um bombardeiro nuclear estratégico, não tinha o alcance (autonomia de voo) necessário. Foi necessário planejar complexas operações táticas de reabastecimento de combustível em voo mediante aviões tanques Victor. Os Victor tampouco iam tão longe, pelo que era necessário reabastecê-los por sua vez. Para cada dois Vulcan que chegavam às ilhas Malvinas a partir da Ilha de Ascensão, eram necessários onze aviões de reabastecimento em voo; foi o ataque aéreo mais longínquo realizado até então, na história mundial das guerras.

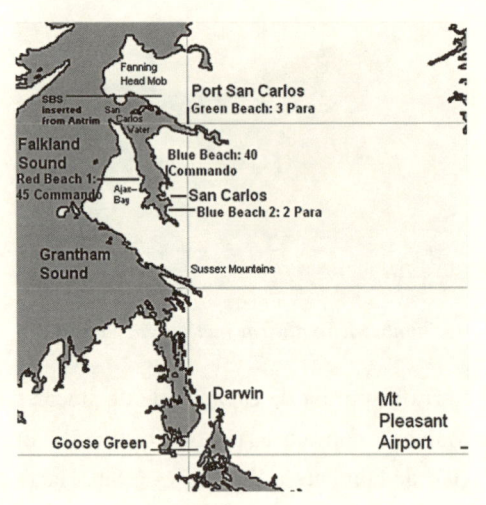

*Zonas do desembarque inglês.*

O primeiro desses ataques foi realizado sobre o aeroporto de Puerto Argentino em 30 de abril às 8:00 da manhã, com 21 bombas convencionais de 454 kg de alto poder explosivo, das quais somente uma acertou a beira da pista. Mais devastadores foram os ataques que se seguiram, realizados pelos aviões Sea Harrier do esquadrão 800º operando a partir do porta-aviões britânico HMS Invincible, que já havia chegado à zona. Atacaram o aeroporto de Puerto Argentino com bombas de fragmentação, causando danos nas infraestruturas anexas. O maior dano foi realizado no aeródromo de Goose Green, onde os argentinos haviam estacionado aviões de ataque ligeiro Pucará. Um dos Pucarás foi destruído, dois ficaram danificados sem qualquer possibilidade de reparo, e as instalações do aeroporto severamente afetadas. O tenente argentino Jukic morreu a bordo do seu Pucará enquanto tratava de decolar.

*Avião de pouso e decolagem vertical ou de pista curta Sea Harrier, uma das chaves da vitória britânica.*

A Força Aérea Argentina reagiu enviando caças Mirage, IAI Daggers e bombardeiros Canberra: o destróier HMS Glamorgan e as fragatas HMS Arrow e Alacrity sofreram danos menores, porém o preço pago foi elevado. Nos combates aéreos dois Harriers (subsônicos) se enfrentaram com um número similar de Mirages (supersônicos). As táticas de combate aéreo dos Mirages argentinos foram muito deficientes; no confronto os britânicos derrubaram um Mirage, e danificaram outro com disparos de mísseis guiados. No confronto posterior derrubaram um IAI Dagger e um Canberra argentinos sem sofrer baixas, e também danificaram um Turbo Mentor. O Mirage avariado no combate com os Sea Harrier, pilotado pelo capitão García Cuerva, tentou pousar em Puerto Argentino; a defesa antiaérea o confundiu com um avião britânico e o derrubou, o que acabou com a vida do piloto argentino. Outros três pilotos argentinos foram mortos ou desapareceram no mar.

Devido à inépcia do comando militar argentino (de Galtieri, em primeiro lugar), a Força Aérea Sul teve de operar a partir de bases localizadas no continente, distantes das ilhas: BAM Comodoro Rivadávia (860 km), BAM San Julián (700 km), BAM Rio Gallegos (750 km), BAM Rio Grande (690 km) e BNA Trelew (1.000 km). Nas quatro últimas, distribuiu-se a aviação de combate: Mirage III EA, Mirage 5 Dagger, A-4 B/B/Q, Super Étendard e Canberra. Em Comodoro Rivadávia, foram baseadas as aeronaves de transporte, reabastecimento, vigilância, despiste, busca e salvamento, compostas por aviões C-130, KC-130, Learjet 35, F-27 e helicópteros. Da frota de combate, só os A-4 e Super Étendard tinham capacidade de reabastecimento em voo, procedimento que precisavam efetuar na ida e na volta de suas missões às ilhas. A distância entre as bases e as ilhas limitava as operações do Mirage III e Mirage 5 ao máximo de dez minutos. Esta limitação não permitiu que fosse conseguida a superioridade aérea argentina sobre as ilhas, nem que fosse oferecida cobertura aérea a toda missão fora do limite da autonomia dos aviões interceptadores. Além disso, a pouca disponibilidade de reabastecedores (dois KC-130) também impossibilitou ataques maciços à esquadra inglesa.

A Operação Black Buck I da aviação inglesa teve êxito pelo alcance operacional, mas foi um fracasso quanto aos seus resultados práticos, já que o aeroporto de Puerto Argentino nunca ficou totalmente inutilizado e os voos de transporte militar argentino do C-130 Hércules se mantiveram até à última noite da guerra. A Inglaterra demonstrou sua capacidade de atacar o arquipélago, inclusive o território continental argentino, a partir de bases tanto em terra como no mar, dando um golpe propagandístico e destruindo várias aeronaves no ar e em terra, sem sofrer nenhuma perda. Com a chegada da Task Force e a destruição do submarino Santa Fé, a frota argentina havia se deslocado para posições mais próximas do continente.

O contingente militar terrestre britânico era da ordem de dez mil homens, sendo que 7 500 estariam disponibilizados para

combater na linha de frente, diretamente. Do lado argentino, es-
peculava-se que o comando militar aumentara seus efetivos para
12500 homens. O chefe da Força Aérea e membro da Junta Militar, brigadeiro Basilio Lami Dozo, dizia que daria a ordem aos
seus pilotos de atacar em massa a frota britânica assim que estes
entrassem em seu raio de ação.

A 30 de abril, as unidades mais relevantes da força de operações britânica já haviam configurado dois grupos de operações
na zona das Malvinas, compostos por dois porta-aviões (HMS
Hermes e HMS Invincible), quatro destróieres (HMS Glamorgan,
HMS Conventry, HMS Glasgow e HMS Sheffield), quatro fragatas
(HMS Broadsword, HMS Alacrity, HMS Arrow e HMS Yarmouth)
e dois navios petroleiros e de suprimentos (Olmeda e Resour-
ce). Com sua posição consolidada, o Reino Unido declarou uma
"zona de exclusão total" de 200 milhas náuticas ao redor do arquipélago, cujo centro não estava bem definido. Qualquer navio
ou aeronave argentina que passasse dentro dessas águas poderia
ser atacado sem prévio aviso. A frota argentina havia decidido
retirar-se da área por iniciativa própria em três grupos muito
dispersos. O velho cruzador argentino General Belgrano e suas
duas escoltas patrulhavam o teatro de operações, situados no limite sul da zona de exclusão, mas fora dela. Navios tão antigos,
no entanto, não cometeriam a imprudência de penetrar na "zona
proibida" demarcada pela frota britânica. Naquele mesmo 30
de abril, porém, foram detectados pelo submarino nuclear HMS
Conqueror, procedente da reocupação das ilhas Geórgias do Sul.

# 7. O Ferro da Dama

O governo inglês teria provavelmente preferido alvejar o 25 de Mayo, único porta-aviões da Marinha argentina. O General Belgrano era o segundo maior navio do Grupo de Tarefas 79 (nome dado à Frota Marítima argentina durante o conflito). Ao meio-dia do dia 2 de maio, e apesar de ter uma proposta peruana de paz em suas mãos, o governo de Margareth Thatcher autorizou o afundamento do General Belgrano, situado fora da zona de exclusão, com seus 1 093 tripulantes. Um crime de guerra que permaneceria sem julgamento até o presente. Às 15:00, com ondas de 12 m de altura, ventos de 120 km/h e temperatura ambiente em torno de -10 °C, o capitão do HMS Conqueror, Chris Wreford-Brown, ordenou carregar os tubos lança-torpedos com os obsoletos Mk 8 (considerados mais confiáveis do que os novos Tigerfish).

Cada um destes torpedos não guiados carregava 363 kg de alto explosivo. Em nenhum momento o Grupo de Tarefas 79 se deu conta de que o ataque era iminente, pois se encontrava fora da zona de exclusão. Às 16:00, e a curta distância, Wreford--Brown deu a ordem de disparar os três torpedos. Um deles tentou atingir o Hipólito Bouchard, mas errou o alvo. Os outros dois acertaram em cheio o General Belgrano. O primeiro acertou a sala de máquinas de popa, abrindo um rombo de vinte metros no casco, partindo a quilha e matando 272 tripulantes. O segundo acertou na proa, o que fez desaparecer quinze metros do barco.

O navio estava perdido. Às 16:24 o capitão Héctor Bonzo ordenou evacuá-lo. Seu destróier de escolta Piedra Buena se lançou à caça do submarino inimigo, porém Wreford-Brown escapou facilmente de um navio tão antigo. Durante os dias seguintes haveria tentativas sucessivas de afundar o HMS Conqueror, todas elas sem sucesso. Este voltaria ao Reino Unido, depois da guerra, tremulando a Jolly Roger (a bandeira pirata preta com a caveira e os dois ossos cruzados brancos, símbolo de vitória na Marinha britânica). 323 marinheiros argentinos perderam a vida (metade do total de mortos argentinos durante o conflito) em consequência do afundamento do cruzador General Belgrano, que foi qualificado internacionalmente de "uso desproporcionado da força sobre um navio obsoleto" (antecipando os argumentos de "resposta desproporcional" usados pelo hodierno pacifismo), com muitos marinheiros recrutas, e fora da zona de exclusão, mas não se fez nada para criminalizar esse ato selvagem, então e depois.

Em 2012, o vice-almirante inglês Tim Mc Clement tornou a reivindicar plenamente essa ação, jogando a culpa das mortes sobre o governo argentino "por ter começado" (com a ocupação de abril), deixando claro que o Reino Unido concebia o cenário bélico como de guerra total (sem limitações). Note-se que a própria Inglaterra reconheceu que as forças argentinas, em todo momento, se abstiveram de atacar forças inglesas empenhadas em missões de salvamento de feridos ou de recolhimento de material inutilizado, inclusive navios. No Reino Unido, a catástrofe do General Belgrano foi ocasião de comemorações populares e primeiras páginas de jornais. Alguns meios, porém, começaram a assumir posturas moderadas e inclusive contrárias à guerra, diante de tal perda de vidas. Alguns grupos de esquerda britânicos se saíram pela tangente, reivindicando a "autodeterminação dos *kelpers*"... Ora, a "vontade dos *kelpers*" era exatamente o argumento oposto pelo governo Thatcher às pretensões de soberania argentina.

Os planos navais argentinos tinham sido frustrados, todavia a Argentina apelou para a sua Força Aérea, que, surpreendentemente, a partir do afundamento do General Belgrano, começaria a infligir importantes baixas à Task Force britânica. As derrubadas do dia 1º de maio (dois Mirage 3EA e um Canberra), dia do batismo de fogo da FAA, deixaram como lição que os ataques a alturas elevadas tornavam as aeronaves argentinas vulneráveis aos radares de vigilância e aos Harriers britânicos. Desde esse dia, as operações se fizeram rasantes sobre as ondas e, durante todo o conflito, este foi o procedimento tático aplicado para sobrepujar o escudo protetor tecnológico da esquadra britânica. Isto obrigou os pilotos argentinos a permanecer de três a quatro horas em voo, em operação de combate, sendo que uma hora roçando as ondas e enfrentando diversos perigos, o que afetava a ação e o raciocínio dos pilotos. Ainda assim, os ataques rasantes e o emprego dos cinco únicos Exocets fariam mudar, uma vez terminado o conflito, a doutrina de defesa da prestigiosa e sofisticada Marinha Real Britânica.

A frota argentina havia determinado com bastante precisão a área geral de operações de dois grupos de batalha britânicos pelo procedimento de detectar suas transmissões radioeletrônicas. Na manhã do dia 4 de maio, um avião de patrulha P-2 Neptune da Força Aeronaval Argentina estabeleceu por radar as posições da Task Force. De imediato, dois aviões de fabricação francesa Dassault-Breguet Super Étendard da 2ª Esquadrilha decolaram de Rio Grande às 9:45 com um míssil Exocet AM39 cada um para realizar um grande voo semicircular que os aproximasse dos navios inimigos, sendo pilotados pelos capitães Augusto Bedacarratz e Armando Mayora. Atrás deles havia um grupo de IAI Daggers para dar-lhes cobertura, e um Learjet em missão de alerta.

Os Exocets acabavam de chegar da França e, devido ao embargo imposto pela OTAN contra a Argentina, os instrutores franceses não haviam se apresentado para ensinar seu uso aos oficiais técnicos argentinos. Os técnicos da base de Rio Grande tinham em suas mãos essas armas muito sofisticadas, sem saber como usá-las. Não se desencorajaram e fizeram o possível para aprender todos os seus segredos, lendo os seus manuais, e desmontando e montando algumas partes do míssil. Quando finalmente os instalaram a bordo dos Super Étendard, não estavam seguros de que eles realmente funcionariam.

Por outro lado, o Reino Unido prosseguia suas operações militares, executando a segunda série de bombardeios sobre as

*Os mísseis Exocets das forças argentinas.*

Malvinas, buscando o submarino San Luis que estava na área, supervisionando de longe as operações de resgate da tripulação do General Belgrano e de suas aeronaves, e se aventurando até às proximidades da costa argentina para inspecionar possíveis objetivos, apesar de que Argentina também estabelecera uma zona de exclusão. A leste das Malvinas, dois porta-aviões e seus navios auxiliares atuavam de retaguarda avançada, bem protegidas do cerco das fragatas com seus mísseis de curto alcance Sea Wolf e pelos destróieres do tipo 42 (que acompanhavam o HMS Sheffield) com seus sofisticados radares e seus mísseis de médio alcance Sea Dart, apoiados pela fragata HMS Yarmouth.

Às 10:35 o P-2 Neptune de reconhecimento argentino fez uma subida a 1,2 km de altitude, localizando um alvo grande e dois pequenos, e retransmitindo as informações. Às 10:50 os dois Super Étendards – que vinham voando pouco acima das águas – realizaram uma pequena subida de 160 metros para confirmar as coordenadas fornecidas pelo Neptune, sem encontrar nada, mas decidiram continuar: 40 km adiante acharam seu alvo grande e três pequenos. Voltaram a voar baixo, carregaram as ogivas dos Exocets e os dispararam às 11:04. Depois, retornaram a Rio Grande. Os lançamentos foram realizados em altitude muito baixa, com mísseis montados sem qualquer assistência do fabricante e no limite do alcance dos Exocets: quase 50 km. Às 11:07, um dos dois mísseis atingiu em cheio o destróier HMS Sheffield, o navio mais moderno da Royal Navy. Segundo algumas fontes, a ogiva de guerra não detonou, e o que se produziu foi um incêndio causado pelos gases de combustão do Exocet, que se espalhou rapidamente. O capitão do Sheffield assegurou que o míssil explodiu, destruindo o centro de operações e o de engenharia. Em poucos segundos, o moderno destróier estava em chamas. Vinte e dois homens morreram e 24 ficaram gravemente feridos.

O HMS Sheffield e a fragata HMS Yarmouth não detectaram a presença do Exocet, até que um marinheiro o viu aproximar--se, quatro segundos antes do impacto. Uma versão diz que nesse momento estavam realizando retransmissões via satélite, que faziam o radar ficar cego. Outra, que os monitores do radar o identificaram como um projétil amigo devido a sua origem francesa (!). Outra versão, finalmente, afirma que a tripulação dos navios britânicos ficou demasiadamente confiada, apesar dos britânicos terem passado a manhã detectando as transmissões do Neptune; havia já uma patrulha de Harriers no ar para interceptá-lo. O Exocet aproximou-se sub-repticiamente de um navio de alta tecnologia e o afundou. O segundo Exocet errou o seu alvo e se perdeu. Marinheiros a bordo do Yarmouth asseguraram tê-lo visto passar diante de seus olhos. Rapidamente, vários navios pediram ajuda para o HMS Sheffield. Evacuaram os sobreviventes e conseguiram controlar o incêndio. Não obstante, o navio estava à deriva, já perdido. Tentaram rebocá-lo de volta ao Reino Unido, mas o navio afundou no caminho.

A "soldadesca terceiro-mundista" de que falava a imprensa londrina acabava de abater o navio mais moderno da frota britânica. Os pilotos Bedacarratz e Mayora foram recebidos na Argentina como heróis. O Exocet ganhou fama entre o público de todos os países, que assistia pela primeira vez a uma guerra aeronaval baseada no uso de mísseis. O almirante Fieldhouse afastou as suas unidades da costa, o que era um problema para dominar as águas ao redor das ilhas Malvinas e reconquistá-las. A partir do dia 10 de maio, numerosos navios de guerra e de apoio britânicos saíram do Reino Unido para reforçar a Task Force e ajudar no desembarque previsto nas ilhas Malvinas no final do mês. O conflito militar ficara mais grave do que o previsto. As forças argentinas mantiveram-se na expectativa, tratando de reforçar a guarnição no arquipélago e garantindo a segurança das comunicações com o continente. No dia 15, tiveram que retirar do serviço os aviões de reconhecimento P-2 Neptune, por falta de peças de reposição, o que deixou a Argentina sem seus "olhos eletrônicos" mais capazes.

Este período de preparativos, que se estenderia até o 21 de maio, esteve permeado de ações aeronavais. Com a experiência do HMS Sheffield, o almirante Fieldhouse não se sentia tentado a aproximar seus navios mais valiosos das Malvinas. Sucederam-se vários incidentes, em que ambas as partes perderam aviões, e a Argentina, alguns pequenos barcos de transporte, de carga e de reconhecimento. As unidades britânicas incrementaram seu nível de agressividade, chegando a atacar pelo menos em duas ocasiões embarcações e aeronaves de salvamento argentinas, ferindo os princípios mais elementares do direito de guerra internacional. No dia 12, aviões A-4 Skyhawk argentinos tentaram destruir com bombas o HMS Glasgow e o HMS Brilliant, que se encontravam bombardeando Puerto Argentino.

O ataque resultou em um fracasso, com a perda de quatro aviões (um deles por fogo amigo). Apesar disso, o Glasgow recebeu o impacto de uma bomba que não chegou a detonar, porém causou danos suficientes para obrigá-lo a voltar ao Reino Unido. No dia 14, uma operação de tropas SAS em ilha Borbón (Peeble Island), apoiada pelos navios HMS Hermes, HMS Broadsword e o HMS Glamorgan, obteve êxito ao destruir onze aviões ali estacionados. Esta operação marcou o início da escalada da atividade militar britânica. Os bombardeios costeiros ficaram mais intensos. A invasão das ilhas Malvinas era iminente.

O incidente que pôs em evidência a cooperação da ditadura chilena com o Reino Unido aconteceu no dia 18 de maio, ao serem descobertos os restos de um helicóptero britânico Sea King (ZA-290) abandonado e destruído pelos seus ocupantes próximo a Punta Arenas, no Chile. A versão mais confiável afirma que este helicóptero participava de uma ação a cargo do esquadrão B do SAS, destinada a destruir os aviões Super Étendards e os mísseis Exocets da 2ª Esquadrilha em Rio Grande, no território continental argentino. A partir da destruição do HMS Sheffield, eliminar esses mísseis se convertera em prioridade para o Almirantado Britânico. Segundo a versão, às 0:15 do dia 18 de maio, o tenente Hutchings decolou do HMS Invincible com seu helicóptero Sea King ZA-290 e um grupo de nove soldados de elite. Sua missão era penetrar nas proximidades da base de Rio Grande, onde estavam os Super Étendards com seus Exocets, para observar seus movimentos e preparar a chegada de duas lanchas com 50 soldados que destruiriam com bombas essa base essencial para Argentina.

Depois, os soldados ingleses seriam evacuados ou fugiriam até o Chile, onde o regime de Augusto Pinochet havia garantido, em segredo, apoio para serem evacuados. Dias antes havia chegado ao Chile um certo "capitão Andrew", com cobertura diplomática, para realizar um reconhecimento preliminar. Seus movimentos não foram restringidos em nenhum momento pelo governo chileno. Para Hugh Bicheno:

[...] la colaboración de la Fuerza Aérea de Chile (FACh) con los británicos [...] no quiso involucrar a Pinochet en los detalles operativos, pero evidentemente contó con su beneplácito[1].

Reagan haveria advertido a Margareth Thatcher que uma operação em território continental argentino poderia envolver na guerra os outros países do TIAR, como o Peru e a Venezuela,

---

1. Ele acrescenta: "Thatcher no tenía lazos con Pinochet durante la guerra. Las FF.AA. chilenas dieron ayuda voluntaria, porque si Argentina hubiese tenido éxito en Malvinas, Chile sería el próximo. Había un acuerdo militar *secreto* entre Argentina, Perú y Bolivia para atacar a Chile, y todo el mundo lo sabía. Thatcher demostró una poco común integridad al agradecer a Pinochet por la ayuda que él le ofreció" (*sic*, grifo nosso).

porém o governo britânico teria optado por ignorar essa consideração, e as objeções de suas próprias unidades de comandos.

O ZA-290 foi detectado por radares argentinos, e o tenente Hutchings decidiu cancelar a operação e dirigir-se diretamente ao Chile. Sem combustível, pousou na praia de Água Fresca, já em território chileno. Foi abandonado e destruído por seus ocupantes, que retornaram ao Reino Unido em voo regular e sem nenhum problema, o que confirmaria a implicação chilena no conflito do lado britânico (oficialmente, "renderam-se às autoridades chilenas"). O helicóptero de apoio, outro Sea King com matrícula ZA-292, retornou ao HMS Invincible. A Operação Mikado (assim se chamava a projetada investida britânica em território continental argentino) foi cancelada, e o Almirantado prosseguiu com os seus planos de reconquista sob a ameaça dos Exocets. Segundo jornalistas ingleses Mikado foi uma idiotice idealizada por Michael Rose, comandante do SAS (Special Air Service): sua tropa, no entanto, negou-se a realizar uma operação camicaze com poucas possibilidades de sucesso.

O brigadeiro chileno Fernando Matthei confirmou em entrevista que durante toda a guerra existiu uma constante cooperação do mais alto nível de seu exército com o Reino Unido, pois "temiam serem os seguintes" (a serem invadidos pela Argentina). Matthei afirmou que o Chile apoiou secretamente o Reino Unido e fez todo o possível para que a Argentina perdesse a guerra. Aviões britânicos com insígnias chilenas sobrevoavam a Patagônia chilena e usavam bases chilenas como centros de operações. Um grande número de soldados chilenos foi trasladado para o sul do Chile, alarmando a Argentina e fazendo com que as tropas argentinas se transferissem para essa zona.

Anos depois, Margareth Thatcher também fez pública essa colaboração, agora para defender publicamente o ditador Augusto Pinochet durante sua estada no Reino Unido, quando aconteceu o episódio da sua prisão temporária na Inglaterra devido à extradição solicitada pelo juiz espanhol Baltasar Garzón. O Peru não somente apoiou diplomaticamente a Argentina, como também a apoiou militarmente com ações de inteligência e fornecimento de mísseis Exocet de fabricação francesa, apetrechos militares e remédios. O Peru mobilizou sua frota naval ao sul, na fronteira que compartilha com o Chile, com o propósito de neutralizar o movimento militar chileno para a Patagônia; as forças armadas peruanas estavam prontas para entrar em ação se o Chile tomasse parte no conflito. Peru foi um dos poucos aliados da Argentina que a apoiou declaradamente durante o conflito.

*Margareth Thatcher passando em revista as tropas inglesas.*

No dia 18 de maio, o governo britânico deu ao almirante Woodward o sinal verde para um desembarque na costa leste do estreito de San Carlos, que separa as duas ilhas principais do arquipélago malvinense. Uma operação arriscada que obrigaria os navios a entrar em um estreito rodeado de montanhas; um lugar perfeito para sofrer ataques de baixa altitude por parte da aviação argentina. Ao anoitecer do dia 20 de maio, doze mil soldados argentinos sabiam que o ataque britânico era iminente, pois durante os dias anteriores já tinha havido numerosas detecções no radar e um forte incremento da atividade inimiga. Pela manhã, o Secretário-geral da ONU Javier Pérez de Cuéllar reconheceu o fracasso de suas gestões "em favor da paz". A proposta peruana foi também rejeitada.

Às 18:00 desse dia, apareceram ecos de radar de dois helicópteros que logo foram vistos pela Rede de Observadores Aéreos. Às 22:00 houve alarmes de iminentes ataques e desembarque aerotransportado; nesse dia os soldados dormiram com o fuzil FAL carregado. Uma parte das forças militares argentinas era composta por infantaria de recrutamento obrigatório, não por voluntários profissionais. As comunicações navais com o continente estavam cortadas, e as comunicações aéreas sofriam graves alterações em suas operações devido à constante presença de patrulhas de caças inimigos. A Força Aérea Argentina, porém, manteve o contingente no arquipélago abastecido até a última noite da guerra, apesar das condições adversas.

Diante e em torno das modestas tropas argentinas estava a quase totalidade da Royal Navy: mais de 120 navios, 33 deles navios de guerra de primeira linha, com vários milhares de soldados profissionais e de elite preparando-se para o desembarque. Os submarinos britânicos já eram completamente donos de todas as águas ao redor das Malvinas, pelo que a frota argentina permaneceu no porto. Não obstante essa superioridade tecnológica e militar britânica, a guarnição das Malvinas e a Força Aérea Argentina prepararam-se para a defesa. Durante a noite do dia 20 de maio de 1982, a Operação Sutton, dirigida pelo contra-almirante Woodward e pelo comodoro Clapp, pôs-se em marcha. Dezenove navios da Marinha Real (o transatlântico Canberra, os navios de assalto Fearless e Intrepid; os navios de desembarque Sir Percival, Sir Tristram, Sir Geraint, Sir Galahad e Sir Lancelot; os navios de apoio logístico Europic Ferry, Norland, Fort Austin e Stromness; escoltados pelo destróier Antrim e pelas fragatas Ardent, Argonaut, Brilliant, Broadsword, Yarmouth e Antelope) dispersaram-se pelo estreito de San Carlos.

De 1º a 20 de maio, a guerra teve principalmente dois protagonistas: a Força Aérea Sul e a Task Force 317. Ambas as forças se infligiram danos importantes e, apesar disso, a aviação britânica não conseguiu alcançar a superioridade aérea. Afirmou o Secretário da Marinha dos Estados Unidos John F. Lehman, em seu relatório ao Congresso dos EUA, em 3 de fevereiro de 1983: "Apesar dos heroicos esforços dos pilotos de Sea Harrier, os britânicos nunca chegaram a conseguir algo que se aproximasse da superioridade aérea sobre as Falklands/Malvinas". A aviação argentina continuava chegando a seus objetivos. Nessa época do ano, certos fatores favoreciam o trabalho dos britânicos: as condições meteorológicas da região e o curto período de luz diurna. Dos quarenta e quatro dias que durou a guerra, em dezessete deles os aviões sequer puderam decolar, por condições atmosféricas inferiores ao mínimo necessário, e a luz solar só durava nove horas. O fator, porém, que mais favoreceu a esquadra inglesa foi o grande número de bombas argentinas que não explodiram ao alcançar seus objetivos, supondo-se que a baixa altura e a grande velocidade de lançamento não tenham permitido que se armassem as espoletas. Outras versões falam de incompetência técnica na armação das espoletas. Se o sistema houvesse funcionado corretamente, resultaria incerto o destino da esquadra britânica na guerra.

# 8. A Contraofensiva Britânica

*Bandeira oficial da Task Force britânica.*

O governo britânico colocara uma frota calculada para transportar até as ilhas do Atlântico Sul um contingente de forças terrestres, com a missão de recuperar o arquipélago. Compôs também uma força aérea capaz de apoiar as unidades de desembarque, dando segurança a elas para o cumprimento da missão. Depois de várias semanas de conflito aéreo e naval – 33 dias – foi

*Frota argentina no Atlântico Sul.*

na madrugada do dia 21 de maio de 1982 que se deu início à operação final do conflito no Atlântico Sul; foi nesse dia que desembarcaram em terra a artilharia e os fuzileiros navais britânicos. Os ingleses dispuseram cerca de sete mil homens, iniciando uma série de combates que conduziram a rápida ocupação do arquipélago em sua totalidade.

À 1:00 do dia 21 de maio, as primeiras tropas britânicas chegavam em terra na baía de San Carlos, ao extremo ocidental da Ilha Soledad (onde está situada a capital, Puerto Argentino/Port Stanley). Sem encontrar resistência, estabeleceram rapidamente três cabeças de praia e avançam até a localidade de San Carlos, onde se produziram as primeiras lutas. Diversas unidades aeronavais britânicas realizavam ataques de apoio cerrado em outros pontos do arquipélago, bombardeavam alvos selecionados e enviavam tropas para Darwin e Goose Green.

Os *gurkhas* (tropas de origem nepalesa) britânicos tornar-se-iam nessa ocasião famosos, por sua participação no 1º Batalhão, integrado à 5ª Brigada de infantaria inglesa, os 7th Duke of Edinburgh's Own Gurkhas Rifles. Desembarcaram na baía de San Carlos e na primeira semana organizaram patrulhas para cercar grupos dispersos de argentinos, que os chamavam de "terríveis", pela sua extrema agressividade. Os *gurkhas*, típica tropa colonial inglesa, notabilizaram-se pela luta corporal com técnicas desenvolvidas ao longo de séculos, e também pela mortífera habilidade com que manuseavam seus punhais ancestrais, os *kukri*. Eram inicialmente escalados para missões de patrulha e reconhecimento, mas tiveram participação decisiva na tomada do monte Williams na parte final da batalha. A anunciada presença dos *gurkhas* nas tropas inglesas fez com que os jornais argentinos pedissem a presença de "correntinos" (nativos da província de Corrientes), conhecidos (outrora) pelas suas brigas de faca, nas tropas argentinas. Um caso de idiotice somada com irresponsabilidade.

Em 21 de maio começou o desembarque de cinco mil soldados britânicos na baía de San Carlos. Os britânicos utilizaram as condições atmosféricas adversas para iniciar a Operação Sutton. A situação meteorológica melhorou rapidamente, possibilitando o ataque da aviação argentina, configurando a Bomb Alley (corredor das bombas). Os ingleses perderam dois helicópteros Gazelle, abatidos pela artilharia antiaérea argentina. Em 25 de maio, ocorreu o golpe mais contundente da Argentina durante todo o conflito: o afundamento do navio de transporte Atlantic Conveyor, com toneladas de suprimentos para as tropas e dez helicópteros. Mas a essa altura, os ingleses já possuíam aproximadamente duas brigadas completas desembarcadas em San Carlos, se preparando para a ofensiva terrestre contra as guarnições argentinas, com um grande fluxo de transporte de pessoal e material dos navios para a ilha através dos helicópteros. Os ataques argentinos vinham do continente e das ilhas, mas, apesar dos esforços, as tropas britânicas se consolidaram na cabeça de praia de San Carlos e adjacências, em 27 de maio. A partir desse momento, a sorte do conflito se inclinou para os britânicos.

Os ingleses venceram com facilidade o primeiro inimigo que enfrentaram nas ilhas: o frio, quase sempre muito abaixo de zero grau, porque usavam jalecos térmicos que funcionavam com pilhas, e que lhes permitiam lutar sem roupas de abrigo e, portanto, com plena liberdade de movimentos, o que não era o caso das tropas argentinas. Os avanços das forças britânicas foram sempre precedidos por pesados bombardeios, feitos inclusive por aviões Vulcan, que saíam da Ilha de Ascensão, e eram abastecidos no ar para lançar bombas de alto poder destrutivo sobre o aeroporto. Quando a infantaria avançava, as ações eram coordenadas por sistemas de rádio de alta e variada frequência, que confundia a possibilidade de sua localização pelo inimigo. Além disso, cada soldado tinha um receptor. Extremamente bem treinados, os paraquedistas, os soldados da Guarda Real Escocesa, os *gurkhas* e comandos especiais estavam armados com fuzis e metralhadoras e usavam visores infravermelhos. Com isso podiam fazer mira à noite "como se fosse dia" e a uma distância de mais de 200 metros.

Outro equipamento que permitia a destruição das defesas argentinas eram os morteiros usados pelos soldados ingleses: morteiros individuais, construídos com plástico especial e descartáveis, depois de quatro tiros. Seus projéteis eram guiados pelo calor das armas inimigas e, com esses equipamentos, foram destruídos ninhos de metralhadoras. A forma encontrada pelas tropas argentinas para neutralizar esses equipamentos foi acender fogueiras para desviar os tiros desses morteiros. As cercas dos *kelpers* forneceram o combustível das fogueiras, mas isso oferecia o inconveniente de denunciar a localização das posições argentinas, que eram imediatamente varridas pelas metralhadoras dos helicópteros britânicos. Os mísseis portáteis ingleses, também empregados, surpreenderam os argentinos por serem dirigidos por raios laser. Em boa parte, esses mísseis anularam a artilharia argentina, com ataques de longa distância. As forças argentinas só podiam opor a essa parafernália tecnológica, de última geração, armamentos convencionais, como os fuzis FAL, baterias antiaéreas, bazucas, tanques relativamente antiquados.

Na lembrança do soldado argentino Oscar Poltronieri: "Passávamos todo o dia na trincheira. Às vezes descíamos o morro para matar um par de ovelhas, prepará-las assim mesmo e comê-las. Quando vinha um companheiro de curso do tenente que me mandava, que se chamava Llambías Pravaz, eu lhe pedia os binóculos e ele me emprestava. Assim vi como desembarcaram os ingleses. Passaram uns dias desde o desembarque, até que chegaram onde nós estávamos. Os *gurkhas* mataram um monte de gente do Regimento 4 de Corrientes. E a nós assim nos rodearam, em forma de meia-lua. Eu estava em cima, no monte, quando os vi, seriam cinco ou seis da manhã, no meio da neblina. Ali mataram três ou quatro dos nossos soldados, todos próximos de mim: um que recebeu um tiro de morteiro que caiu próximo de mim e outro que recebeu um fragmento, e sangrou; quando chegou ao hospital de Puerto Argentino estava sangrando. No outro um fragmento entrou nas costas. E a outro que escalou o monte um pouco para montar a metralhadora, também o mataram com uma rajada de metralhadora".

As montanhas circundantes pareciam proteger as unidades britânicas e pô-las a salvo dos radares inimigos. Porém a aviação argentina já havia demonstrado ser capaz de aproveitar esta classe de obstáculos em seu próprio benefício; o desembarque britânico afastava as unidades implicadas da força principal situada a leste da Ilha Soledad. Um ataque direto sobre Puerto Argentino ou sua periferia não teria sido adequado, pois ali se concentrava a maior parte da guarnição argentina; historiadores afirmam que Woodward e Clapp escolheram um dos três piores lugares possíveis para iniciar o ataque, e pagaram caro pelas consequências. Um Aeromacchi MBB 339 argentino utilizou as características geográficas do estreito de San Carlos para sobrevoar a força de desembarque britânica sem ser derrubado, fez alguns disparos com seus lança-foguetes Zuni, provocando danos menores na fragata Argonaut. Meia hora depois, a Força Aérea Argentina lançou seus aviões para uma série de ataques de grande ousadia que fizeram com que o estreito de San Carlos fosse rebatizado pelos soldados ingleses como "o corredor das bombas".

As carências de capacidade de reconhecimento e o curto alcance do radar argentino, pertencente ao Centro de Informação e Controle (cic Malvinas), provocavam a realização dos ataques sem uma completa visualização do cenário. Este radar, da Força Aérea Argentina, era o único de maior alcance nas Malvinas (360 km) desenhado para a vigilância aérea, mas sua imagem da superfície degradava-se à medida que a distância aumentava, reduzindo-se a 50 km de visão sobre o mar.

*O porta-aviões britânico HMS Invincible.*

Ainda assim, formações de ataque aéreo argentino fizeram chover bombas por cima das tropas inglesas durante cinco horas. Houve um primeiro ataque sem consequências de dois Daggers às 10:25, cinco minutos depois atacaram duas esquadrilhas de três Daggers cada uma. Com seus canhões e bombas danificaram severamente a fragata HMS Broadsword, e deixaram fora de serviço o destróier HMS Antrim, perdendo um avião. Simultaneamente, cinco A-4B Skyhawk do Grupo 5 de Caça se lançaram sobre a Argonaut, danificando-a gravemente com duas bombas de meia tonelada que não explodiram. Uma hora mais tarde, dois A-4B adentraram o estreito, bombardeando erradamente o casco avariado do navio argentino Río Carcarañá, enquanto o avião líder atacava sem sucesso a fragata Ardent. Ao mesmo tempo quatro A-4C do Grupo 4º de Caça eram interceptados, sendo dois deles derrubados: os dois pilotos argentinos perderam a vida.

Uma breve trégua se seguiu, que terminou abruptamente. Três Daggers descobriram que a Ardent navegava rumo ao norte e a alcançaram com duas bombas, uma das quais explodiu, matando quatro homens. Cinco minutos depois, outros três Daggers atacaram com fogo de canhão a fragata Brilliant, deixando alguns feridos e danos menores. Pouco depois a esquadrilha de Daggers foi aniquilada sobre a Grande Malvina pelos Sea Harriers, embora os três pilotos tenham podido ejetar-se. Finalmente, três A-4Q Skyhawk da 3ª Esquadrilha da Aviação Naval Argentina atacaram a avariada Ardent, atingindo-a com várias bombas de ação retardada Snakeye. A formação argentina foi interceptada, tendo derrubado dois aviões e avariado o terceiro: seu piloto se ejetou da cabine.

O ataque havia firmado a sentença de morte da Ardent: com 22 mortos e 37 feridos a bordo, os incêndios se espalhando e a água do mar penetrando em grande velocidade na linha de flutuação, a fragata Yarmouth foi colocada junto à Ardent e procedeu à evacuação dos feridos e do resto da tripulação. Depois de arder em chamas durante horas, o navio afundou às duas horas da madrugada do dia seguinte. Entretanto, os navios de desembarque dentro da baía de San Carlos continuaram levando unidades de combate para terra firme. Desembarcaram carros de combate e quatro baterias de canhões de 105 mm do 29º Comando e do 4º Regimento. Os sobreviventes da Ardent foram transportados ao Canberra. O desembarque fora feito com sucesso, porém com um preço muito elevado para as forças inglesas.

Em terra, o desembarque na baía de San Carlos continuava. Durante os dias 22 e 23 de maio, as tropas inglesas asseguraram numerosos pontos táticos e acumularam grandes quantidades de armas e suprimentos chegados por via marítima. A fragata HMS Antelope substituiu a Ardent. Numerosos navios logísticos, entre eles o cargueiro MV Atlantic Conveyor, estacionaram no Estreito de San Carlos para descer mais homens e materiais. O general Julian Thompson, chefe das forças terrestres britânicas, estabeleceu seu QG em San Carlos. Apesar das perdas sofridas no dia 21, o desembarque fora finalmente um sucesso.

Não obstante, a meio-dia do dia 23, as forças inglesas detectaram aviões argentinos ao sul do estreito, afugentando-os com fogo antiaéreo. Eles "abriam passo" para uma dupla formação de doze Daggers e seis Skyhawks, vindos do continente. Três A-4B Skyhawks reapareceram a grande velocidade e altitude muito baixa, recebendo uma densa cortina de fogo antiaéreo. O avião líder, atingido, desapareceu atrás das montanhas para voltar ao continente. "De maneira suicida", segundo os relatos, os dois aparelhos restantes continuaram o ataque contra a recém-chegada HMS Antelope. O alferes Hugo Gómez lançou suas bombas que atingiram a fragata, sem explodir, e conseguiu fugir. O tenente Luciano Guadagnini foi atingido depois de lançar sua carga, desintegrando-se pouco antes que sua bomba atingisse a nave britânica sem explodir.

A Antelope ficou fora de combate. Com duas bombas sem explodir a bordo e um incêndio controlado, os britânicos evacuaram a fragata. Pouco depois, uma das bombas argentinas detonou: a Antelope, atingida por uma terrível explosão e partida em dois, afundou. A aviação argentina continuou atacando, e perdendo cada vez mais aviões. Atingidos pelos navios de desembarque HMS Sir Galahad e Sir Lancelot, no dia 24 perderam três Daggers e um Skyhawk, abatidos por Sea Harriers que não sofreram perdas.

A 25 de maio pela manhã, o primeiro Skyhawk argentino foi atingido por um míssil do destróier HMS Coventry. A meio-dia houve outro ataque argentino sobre as forças de desembarque no estreito de San Carlos: um Skyhawk foi derrubado por um míssil disparado de terra e outro caiu pelo fogo do Coventry. Um ataque de quatro Skyhawks sobre esse destróier e a fragata Broadsword danificou severamente a popa desta. O Coventry recebeu o impacto direto de três bombas que mataram 19 homens, e fizeram evacuar o navio, que afundou. Nenhum avião atacante foi abatido.

O Almirantado britânico ficou nervoso. Já eram quatro os navios de guerra britânicos de primeira linha afundados, com outra dezena danificada. Não era o previsto. Os chefes decidiram acelerar as operações terrestres, para terminar o quanto antes possível com o "obscuro incidente colonial" que se convertera em uma guerra de verdade. Às 16:30 duas fortes explosões abalaram o MV Atlantic Conveyor ao norte da Ilha Soledad, bem próximo do porta-aviões HMS Hermes. A explosão produziu um grave incêndio, e havia sido produzida pelos ataques dos Super Étendards do 2º Esquadrão Aeronaval da Argentina, com dois Exocets lançados contra os alvos distantes que apareciam em seus radares. O Atlantic Conveyor foi evacuado, ardendo com dez helicópteros e milhares de toneladas de material a bordo, até ficar reduzido a um esqueleto calcinado.

No total, dois grandes navios ingleses perdidos em um só dia, outros seis danificados, com a aviação argentina perdendo somente três aviões. Para Margareth Thatcher, para a Inglaterra e seus apoiadores, a guerra das Malvinas estava transformando--se em uma derrota. No final da guerra, a Inglaterra contabilizaria seis navios e uma lancha de desembarque afundados, cinco navios postos fora de combate e doze navios (entre eles dois porta-aviões) com avarias consideráveis. Perdas muito superiores às previstas. Em 26 de maio se reuniu novamente o Conselho de Segurança da ONU, aprovando a Resolução 505, que reafirmava a anterior (502), obrigando as partes no conflito a cooperar plenamente com o Secretário-geral das Nações Unidas, Javier Pérez de Cuéllar, "em seus esforços para pôr fim às hostilidades".

Mas o Reino Unido possuía vantagens militares e logísticas estratégicas. A Marinha Argentina estava confinada no porto desde o afundamento do Belgrano. A Royal Navy permanecia no mar. As forças de reserva, milhares de homens a bordo do Queen Elizabeth II, estavam na expectativa: seus suprimentos e reforços, em vez de viajar diretamente às Malvinas, descreviam um semicírculo que os colocava fora do alcance da aviação argentina. As forças terrestres inglesas haviam desembarcado com sucesso obscurecido pela destruição dos equipamentos a bordo do Atlantic Conveyor e do Sir Lancelot, mas todos os homens haviam chegado em terra junto com a maior parte do seu material, estavam bem estabelecidos e protegidos contra ataques aéreos tanto por seus próprios sistemas antiaéreos como pelas patrulhas de Harriers e suas linhas logísticas. Frente a eles, doze mil soldados do Exército e da Marinha argentinos, mal equipados e mal abastecidos do mais elementar, exceto pelo par de contêineres que os aviões de transporte Hércules transportavam a cada noite a partir do continente.

Um movimento de pinça terra-mar confinou as tropas argentinas nos arredores de Puerto Argentino, ao mesmo tempo estabelecendo rapidamente uma cabeça de praia na costa leste da Ilha Soledad, de tal modo que sua linha logística não tivera que penetrar nas perigosas águas do estreito de San Carlos, "o corredor das bombas", *bomb alley*. Dessa forma, os suprimentos e reforços poderiam chegar diretamente a partir do oceano. A conquista do corredor entre Darwin e Goose Green dividiria a Ilha Soledad em duas metades, e liberaria o passo a partir do ponto de desembarque em San Carlos até o oceano, ao leste. O primeiro ponto de ataque seria Goose Green. Se as forças do Batalhão de Paraquedistas 2 (ou 2º PARA) estacionadas em Darwin conseguissem tomar essa posição e seu aeródromo, as forças argentinas ficariam cercadas na metade norte da Ilha Soledad, do outro lado das montanhas, e as forças inglesas teriam acesso a um corredor costeiro até o oceano. A primeira batalha terrestre da guerra das Malvinas foi, por isso, em Goose Green.

Logo depois da meia-noite do dia 28 de maio, o 2º Batalhão de paraquedistas ingleses partiu do lado ocidental do extremo norte do istmo que divide a Ilha Soledad em dois. As companhias B e D penetraram no istmo, enquanto a companhia A se situou ao leste, iniciando o ataque tomando Burntside House sem achar presença argentina. As outras companhias se dirigiram à posição de Boca Hill, recebendo fortes rajadas de fogo argentino. Enfrentando tropas mal preparadas e com armas antiquadas, os britânicos capturaram paulatinamente povoados menores, até cercarem a capital, por eles chamada Port Stanley. A companhia A prosseguiu seu caminho até o sul para enfrentar o 25º Regimento de Infantaria argentino na colina Darwin. Na luta, os argentinos detiveram o avanço da companhia A, apesar de sofrerem severas perdas, incluindo o seu comandante, tenente Roberto Estévez. O ataque britânico, porém, havia sido detido.

*Soldado inglês rende soldado argentino.*

Estévez morreu em combate, ainda dando ordens de batalha. O tenente-coronel H. Jones, chefe do II Batalhão de Paraquedistas, ao comando das tropas inglesas, dirigiu pessoalmente um grupo contra a colina Darwin, caindo mortalmente ferido pelos soldados recrutas argentinos Guillermo Huircapan e Jorge Ledesma, com fogo de metralhadoras e fuzis. Foi o mais alto oficial inglês caído na guerra das Malvinas. Houve dois combates nas alturas de Darwin: um ao redor da baía Darwin, e outro de igual ferocidade em frente a Boca Hill, defendida pelo subtenente Guillermo Aliaga ao comando da 3ª Secção de Atiradores do Regimento 8.

A defesa argentina foi tenaz, apesar do pesado assalto com morteiros, metralhadoras e projéteis antitanques. Na colina Darwin, o Regimento 12 ao comando do subtenente Ernesto Peluffo defendeu tenazmente suas trincheiras. Soldados não profissionais esgotaram sua munição e se reabasteceram vá-

*Mapa da batalha de Goose Green.*

rias vezes com a munição do pessoal já morto. "Os defensores argentinos lutaram bravamente", segundo Max Hastings e Simon Jenkins. Com o apoio da unidade Milan antitanque, que destruiu numerosas posições argentinas, a companhia A de paraquedistas ingleses ocupou finalmente as colinas Darwin e Boca. A resistência fora feroz e o plano concebido originalmente pelo comandante Jones foi um fracasso. Com uma severa reorganização no meio do combate, os paraquedistas britânicos conseguiram finalmente superar as altitudes de Darwin à primeira hora da tarde do dia 28 de maio, e desceram até Goose Green. O combate não parou: enquanto as companhias C e D estavam tomando a base aérea e a escola do povoado, continuaram os tiroteios.

*Soldados argentinos presos pelas tropas inglesas.*

Pouco antes do anoitecer, às 5:00 da tarde, um Pucará e um Aeromacchi argentino caíram abatidos. O comandante inglês Keeble ofereceu ao comandante argentino Piaggi a rendição em termos honoráveis. Piaggi cedeu, e Goose Green caiu em mãos britânicas depois de 14 horas de combate. Quando amanheceu jaziam mortos, nas forças inglesas, quinze paraquedistas, um engenheiro real e um piloto, além de 64 feridos. Em torno de 50 argentinos morreram, outras centenas ficaram feridas e mais de mil argentinos foram feitos prisioneiros, sendo depois repatriados via Montevidéu. A posição estratégica britânica em Ilha Soledad estava consolidada, só era uma questão de tempo até que toda a guarnição argentina nas Malvinas entrasse em colapso.

Mas os helicópteros com que as forças inglesas contavam para uma rápida ação aeroterrestre contra Puerto Argentino não eram mais do que ferragens a bordo do calcinado Atlantic Conveyor. As tropas britânicas teriam de avançar a pé, através das montanhas geladas. No dia 30 de maio se realizou a operação mais importante da Força Aérea Argentina. Segundo o comodoro Matassi:

> O radar da Força Aérea instalado em Puerto Argentino começou a seguir as rotas de aproximação e, especialmente, as de retorno dos aviões Sea Harrier em seus voos de patrulha e ataque. Depois de vários dias de acompanhamento, pôde-se comprovar que todos os aviões desapareciam da tela do radar em direções e a distâncias semelhantes. Os voos terminavam, evidentemente, em um pequeno círculo para o qual todas as linhas confluíam. Neste círculo estava o porta-aviões.

Esta constatação levou ao ataque ao Invincible.

O almirante Woodward havia retirado seus navios sem deixar desprotegidas suas forças nas Malvinas. Com 3 800 britânicos já desembarcados, somente golpes devastadores contra eles podiam evitar a derrota argentina. Os Sea Harriers ingleses vinham demonstrando ser abertamente superiores em combate aéreo a qualquer avião de combate da força aérea e aeronaval argentina. A única chance argentina era atacar os porta-aviões, coração da frota britânica. Na manhã do dia 30 de maio decolaram de Rio Grande quatro Skyhawks com bombas de 250 kg retardadas por paraquedas, para evitar falhas de detonação, e dois Super Étendards, um dos quais transportava o último Exocet da Argentina.

Após reabastecer-se em voo, atacaram a partir do sul. O primeiro a disparar foi um Super Étendard, lançando seu Exocet contra um alvo de grande tamanho nitidamente detectado em seu radar. Cumprida sua missão, os Super Étendards deram a volta para retornar à base. Sem mais Exocets disponíveis, seu papel na guerra havia se encerrado. Os Skyhawks argentinos usaram o

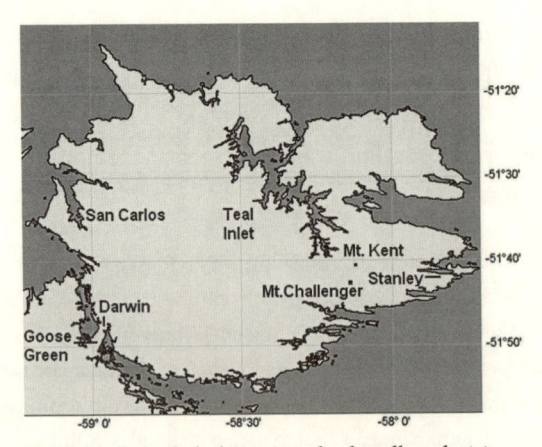

*Norte da Ilha Soledad, cenário das batalhas decisivas.*

rastro do Exocet para guiar-se até o alvo, observando uma grande coluna de fumaça preta no horizonte. O Exocet, uma vez mais, havia atingido um alvo, pondo em alerta os porta-aviões ingleses e a fragata HMS Avenger. Quando os pilotos argentinos chegaram, encontraram-se com densas camadas de fumaça preta e de névoa branca, geradas pelos dois navios para ocultar-se. Também se encontraram com uma densa barreira de fogo antiaéreo. Quando já tinham claramente o HMS Invincible, principal porta-aviões britânico, em suas miras, um míssil derrubou o avião líder; um de seus motores caiu sobre o elevador de aeronaves do porta-aviões, produzindo um pequeno incêndio. Os pilotos argentinos morreram.

Porém, os outros dois aviões argentinos conseguiram lançar suas bombas e escapar da área a grande velocidade, perseguidos por mísseis. Fizeram a última vista de seu alvo de longe, e asseguram tê-lo visto envolto em "uma fumaça densa e preta", atingido pelas suas bombas, o que contraria a versão britânica da história, que afirma que suas bombas foram parar no mar.

O alferes G. G. Isaac, piloto de A4, voltando de sua missão de ataque ao Invincible a 30 de maio, relatou:

Senti muito calor. Até ali não o tinha sentido, mas, por mínimos que fossem os sintomas, estou relaxando. Quero desligar a calefação, mas quando tento levantar a mão do acelerador, percebo que o braço não reage. A tensão é tanta que ele está rígido, não obedece. Não insisto e aguento o calor.

E ainda lhe era necessário efetuar o reabastecimento em voo para voltar à base. G. G. Isaac foi um dos dois sobreviventes dos quatro que haviam participado da missão. Nesse mesmo dia, houve combates durante as operações preliminares de reconhecimento para o avanço inglês até Puerto Argentino. Em violentos enfrentamentos, que duraram quarenta minutos, dois argentinos foram mortos, seis feridos e os últimos cinco caíram prisioneiros. Os britânicos sofreram quatro baixas.

Paralelamente, em 28 de maio se reuniram na sede da OEA (em Washington) os chanceleres dos 21 países membros do Tratado Interamericano de Assistência Recíproca (TIAR) e adotaram uma resolução com 17 votos a favor e quatro abstenções (Estados Unidos, Colômbia, Chile e Trinidad Tobago) "condenando o ataque britânico à Argentina e solicitando aos Estados Unidos que cessasse sua assistência militar ao Reino Unido" (não deixa de ser cínico que os EUA *se abstivessem* nessa votação…). Para completar, autorizaram os países latino-americanos a ajudar a Argentina em caráter emergencial; quer dizer, deixando a porta aberta para uma possível ação coletiva contra a Grã-Bretanha. Isso não chegou a se concretizar, ficaram em generalizadas expressões de calorosa solidariedade e apoio diplomático, incluindo, em alguns casos, oferecimentos de eventual ajuda militar. Tudo ficou em promessas, o TIAR não servia para nada.

Entre os dias 29 e 31 de maio aconteceram violentos combates sobre as encostas do monte Kent. As tropas do Exército Argentino tentaram sem sucesso tomar os helicópteros britânicos de surpresa, com cinco patrulhas. Um Puma, com 17 comandos, foi atingido por fogo terrestre, morrendo seis soldados. Outro comando, explorando o caminho até o cume do monte Bluff Cove Peak, caiu numa emboscada, sofrendo fortes baixas. O golpe devastador era obra dos comandos britânicos (SAS). Os soldados argentinos abatidos pelo fogo automático do inimigo receberam a mais alta condecoração argentina, a "Cruz ao Heroico Valor em Combate". Depois da emboscada no monte Kent, os sobreviventes da patrulha 602 trocaram tiros com o inimigo postado nas alturas e responderam até o fundo do vale, encontrando covas onde puderam esconder-se. Permaneceram isolados durante três dias, observando os helicópteros britânicos que decolavam de San Carlos até o monte Kent.

A 1º de junho, cinco mil soldados ingleses da Brigada de Infantaria 5, dos *gurkhas* e da Guarda Galesa e Escocesa desembarcam em San Carlos, de onde já operava uma pista para os Sea Harriers: um míssil Roland argentino de fabricação francesa abateu, lançado desde Puerto Argentino, um desses aviões. Com as forças avançadas britânicas a vinte quilômetros de Puerto Argentino/Port Stanley, e tomados os montes Kent e Challenger, as tropas inglesas concentraram e acumularam suas forças em meio a um tempo espantoso. Os navios, a artilharia e os aviões britânicos bombardearam quase constantemente a linha argentina estendida sobre os morros Longdon – Dos Hermanas – Harriet. Nas palavras de um soldado argentino:

> Já que nós dançamos nesta, vamos fazê-lo bem. Vamos apoiar o subtenente que está doente e continua com a gente. Temos que ajudar antes que congelem os pés, ou ao que se assuste. Porque daqui saímos todo mundo ou não sai ninguém.

Os relatos emocionados de soldados argentinos veteranos da guerra abundam em exemplos de valentia de suboficiais e soldados recrutas.

Entre 3 e 6 de junho os combates perto de Puerto Argentino/ Port Stanley atingiram extrema violência. No mesmo momento, o Conselho de Segurança das Nações Unidas aprovou a resolução 505, que designava como mediador a Javier Pérez de Cuéllar. No dia 5, os EUA e o Reino Unido vetaram um novo projeto de cessar-fogo. Baseadas na situação no teatro de combate, a política das nações imperialistas era impor uma completa derrota argentina. Para o general Moore, agora comandante das forças terrestres britânicas, a crise das Malvinas estava praticamente resolvida. O cerco sobre Puerto Argentino/Port Stanley já estava quase fechado. Faltavam apenas desembarcar algumas unidades das Guardas Galesa e Escocesa em Fitzroy e Bahía Agradable, ao sul da capital malvinense. Junto com eles chegaram numerosas peças de morteiro e mísseis antiaéreos Rapier.

Em que pese a enorme superioridade do material militar britânico, os combates continuaram. A atividade da aviação argentina durante as duas semanas anteriores havia sido relativamente fraca quando, às sete da manhã do dia 8 de junho, o Sir Galahad ancorou em Fitzroy. Os Guardas Galeses, que deviam concentrar-se com duas companhias em Bahía Agradable, se negaram a realizar a marcha a pé e insistiram em permanecer no navio, até que este os levasse para seu destino final. Às 13:50, cinco Skyhawks argentinos avançaram sobre os navios britânicos, atingindo o Sir Galahad com três bombas e o Sir Tristram com duas: 51 soldados britânicos morreram e em torno de 150 ficaram feridos, muitos deles com graves queimaduras. Este ataque coincidiu com o de cinco aviões Daggers argentinos contra a fragata HMS Plymouth no lado norte do estreito de San Carlos. Um segundo ataque de Skyhawks perdeu três aviões ao ser interceptado por uma patrulha de Sea Harriers, embora tenha conseguido afundar antes uma lancha de desembarque. Em seu avanço em direção da capital das ilhas, os ingleses sofreram sua maior perda nesse dia 8 de junho, quando o navio de transporte Sir Galahad foi destruído por aviões argentinos em Port Fitzroy.

*Sir Galahad afundado e evacuado.*

# 9. A Derrota da Argentina

Na Argentina, o governo militar que ocupou as ilhas estava quebrado internamente. O movimento popular que ganhou as ruas no momento da ocupação era, por isso, heterogêneo: os últimos setores que apoiavam a ditadura se manifestaram, mas também os setores que lutavam contra ela organizaram campanhas de apoio aos soldados do Atlântico Sul. Na concentração popular convocada por Galtieri na Praça de Maio para comunicar a ocupação argentina das ilhas, uma tremenda vaia interrompeu o discurso do ditador quando este tentou, de passagem e de modo oportunista, legitimar também seu próprio governo ditatorial.

As Mães da Praça de Maio foram às ruas e à Praça com cartazes e faixas com os dizeres: "As Malvinas são argentinas, os desaparecidos também". Desse movimento não decorria naturalmente o "grande acordo", de apoio a Galtieri, dos partidos políticos tradicionais, da burocracia sindical e do Partido Comunista. Delegações político-sindicais argentinas percorreram o mundo, expondo

*Galtieri na sacada da Casa Rosada: os sabores da popularidade.*

a "unidade nacional" em torno das Malvinas. Uma heterogênea delegação política (com representantes de quase todo o arco político partidário prévio ao golpe militar de 1976) foi levada de avião pelo regime militar às ilhas, para marcar presença simbólica (e retornar de imediato). No movimento operário havia grande confusão política: o interventor militar do sindicato dos ferroviários não chegou a falar de armar os operários para defender a pátria?

Era apenas demagogia: o esquema da ocupação se baseava na suposta (e inexistente) neutralidade benevolente dos Estados Unidos. *Política Obrera*, jornal da organização política do mesmo nome[1], que circulou clandestinamente na Argentina durante os oito anos de ditadura, assinalou, então:

Hoy, el Estado argentino que emprende la recuperación de las Malvinas está en manos de los agentes directos e indirectos de las potencias que someten a nuestra nación. ¿Qué alcance puede tener un acto de sobera-

---

1. Com a legalização dos partidos políticos, em 1983, Política Obrera passou a ser o Partido Obrero.

*Leopoldo Fortunato Galtieri (24 de abril de 1982).*

nía cuando el país que lo emprende (cuando no el gobierno que lo ejecuta) está políticamente dominado por los agentes de la opresión nacional? Se desprende de aquí que la prioridad es otra: aplastar primero a la reacción interna, cortar los vínculos del sometimiento (económicos y diplomáticos) y construir un poderoso frente interno anti-imperialista y revolucionario, basado en los trabajadores. La prioridad de una real lucha nacional es quebrar el frente interno de la reacción y poner en pie el frente revolucionario de las masas. Cualesquiera sean las derivaciones de la crisis internacional, como resultado de las contradicciones y alianzas entre yanquis e ingleses y entre la dictadura y ambos, la ocupación de las Malvinas no es parte de una política de liberación e independencia nacionales, sino un simulacro de soberanía nacional, porque se limita a lo territorial, mientras su contenido social sigue siendo proimperalista. La ocupación de las Malvinas es una acción distraccionista, de la que la dictadura pretende sacar réditos internos e internacionales. Por eso sigue en pie la reivindicación de la democracia política irrestricta y una Asamblea Constituyente soberana.

Acrescentando:

Es seguro que Galtieri y el estado mayor han pensado que el imperialismo yanqui les retribuiría estos servicios, dejándolos ocupar las Malvinas. Cualquiera sea el curso de los acontecimientos, lo que está claro es que la ocupación de las Malvinas no es el eje de la liberación nacional, sino una maniobra de distracción. La dictadura ha apelado a ella para salir de su profunda crisis e impasse internas. Si hay guerra, la nación debe tomar las armas y hacer la guerra a lo largo y ancho del país.

O arco político argentino, ao contrário, decidiu inicialmente fechar fileiras com a ditadura militar, dizendo que era hora de calar-se. Carlos Raúl Contín, principal dirigente do radicalismo (UCR, União Cívica Radical), declarou: "É a hora dos grandes silêncios". UCR e peronismo, as duas principais forças políticas do país, se "calaram" sobre a ditadura, mas embarcando nos festejos da aparentemente fácil vitória obtida contra a Inglaterra. Jorge Luis Borges, por sua vez, propôs ironicamente que as ilhas fossem entregues à... Bolívia. O célebre escritor argentino tinha se "celebrizado", de modo negativo, em 1976, por seu apoio aberto à ditadura militar (em 1982 já estava arrependido). O conservadorismo político de Borges era bem conhecido. Mas o colombiano Gabriel García Márquez, conhecido ao contrário pelas suas inclinações de esquerda e sua proximidade com Cuba, também qualificou o conflito das Malvinas como uma "guerra de naftalina"...

O Partido Comunista, por sua vez, conclamou à "unidade nacional" (com os genocidas fardados) e depois completou a obra com chamados à "paz" e à arbitragem da ONU (que posicionou-se por uma "paz" baseada na retirada argentina...). O "movimento comunista internacional" não fez nada além de alguma declaração formal, também pela "paz", enquanto a URSS acompanhava as posições da ONU como membro permanente do Conselho de Segurança (podendo, portanto, vetá-las). A sua posição sistemática foi a abstenção nesse organismo, deixando o Panamá sozinho na sua condenação do ataque anglo-estadunidense contra a Argentina (diga-se de passagem que essa foi também a posição da China de Deng Hsiao Ping).

O PST (Partido Socialista dos Trabalhadores)[2] da Argentina concentrou-se na "denúncia da voracidade colonialista da Inglaterra, que se nega a devolver os últimos enclaves do seu império", como se a posse inglesa das ilhas fosse um simples anacronismo colonial. O PST defendeu o apoio à Argentina na luta contra o imperialismo inglês, mas afirmando que a ditadura, "ao expulsar pela força o governador inglês das Malvinas e ao negar-se em aceitar a resolução da ONU, apesar de sua reconhecidíssima vontade pró-imperialista, faz com que a ação do governo argentino objetivamente questione a inapelabilidade das instituições e da ordem jurídica que garantem a conservação da exploração e do domínio imperialista no mundo e reivindica a ação direta contra essa ordem", o que equivalia a apresentar a ditadura militar argentina como vanguarda ("objetiva", claro) de uma luta anti-imperialista internacional.

Clarín, *o jornal argentino de maior tiragem, noticia a ocupação das ilhas, apresentando Galtieri como líder popular.*

2. Transformado, em 1983, no Movimento ao Socialismo (MAS) que, na década de 1990, "explodiu", dando lugar a uma dezena de partidos e grupos políticos.

A ocupação das ilhas adiou a crise da ditadura, mas ao preço de quebrar suas bases de apoio internacionais: Reagan já tinha levantado as sanções econômicas contra a Argentina, impostas pelo governo precedente de Jimmy Carter pela questão dos direitos humanos. Os Estados Unidos, claro, optariam finalmente por apoiar seu aliado da OTAN (a Inglaterra) contra seu agente no Cone Sul e na América Central (a ditadura argentina). Quando seu enviado Alexander Haig comunicou isto à ditadura argentina, um setor dos políticos argentinos (o "liberal" Álvaro Alsogaray, o "desenvolvimentista" Arturo Frondizi, o radical Raúl Alfonsín, sendo este último o personagem-chave da trama) começou a criticar a ocupação.

O corpulento Vernon Walters, mais chefe do que escudeiro de Haig na missão oficial deste na Argentina, visitou Frondizi no seu apartamento de Buenos Aires para avaliar a situação. Deixou claro que a Argentina, diante da recusa de Galtieri e da Junta de retirar-se das Malvinas, devia preparar-se para um pós-guerra de derrota, com outro regime político (civil). O obeso polícia internacional ianque, que já se exercera na coordenação de golpes militares duas décadas antes (no Brasil e na Bolívia), arquitetava agora um golpe civil, em circunstâncias políticas mudadas. O partido de Arturo Frondizi (o MID, Movimiento de Integración y Desarrollo) comunicou publicamente de imediato sua passagem para a oposição política ao governo militar. Logo depois também o faria a fração da UCR de Raúl Alfonsín (este partido, diversamente do MID, possuía uma base eleitoral histórica, o que o tornaria a peça-chave da transição política).

A "redemocratização" argentina começava a gestar-se, diretamente inspirada pelos "homens de Estado" dos EUA, ainda antes que se iniciasse a batalha das Malvinas. Estes fatos, abundantemente documentados por Juan B. Yofre, bastam para demolir a interpretação vulgar de que foi a derrota na guerra das Malvinas que propiciou a queda da ditadura militar. Quando a solução diplomática do conflito se revelou impraticável, a ditadura militar passou a ser um morto-vivo, internacional e nacionalmente, a despeito das aparências em contrário.

Para Galtieri era tarde demais, toda a situação se transformara na quadratura do círculo para seu regime: retirar-se das ilhas sem combater equivaleria a somar uma ridícula derrota internacional à crise interna do regime, o que provocaria sua queda imediata, com consequências não previsíveis, mas certamente demolidoras, para as Forças Armadas em seu conjunto. Ocupar as ilhas, retirando-se imediatamente depois, forçando uma intermediação norte-americana (via ONU) que estabelecesse uma "soberania compartilhada", com ocupação das ilhas pelos "capacetes azuis" da ONU, era, porém, o plano original (chamado "D+5") da ditadura militar.

Por que fracassou esse plano? Porque a Inglaterra não aceitou nada parecido com ele (foi isso que Alexander Haig veio dizer à ditadura, antes das hostilidades militares começarem) e deflagrou de imediato a contraofensiva bélica; e porque a ocupação das ilhas suscitou, segundo o então chanceler argentino Nicanor Costa Méndez, uma "emoção popular" que impediu qualquer

*Alexander Haig e Nicanor Costa Méndez, chanceler argentino.*

marcha à ré dos militares argentinos. Levar o conflito até suas últimas consequências, porém, equivaleria a cortar todas as pontes com as bases e apoios internacionais do governo militar. O comando militar manteve, por isso, sua postura negociadora, não combativa, ao longo do conflito.

Os bens do inimigo declarado, a Inglaterra – bancos, empresas, propriedades agrárias – não foram tocados (enquanto as contas argentinas em todos os países da OTAN foram congeladas); não se hostilizaram as tropas inglesas que se aproximaram do alvo (enquanto elas afundaram o cruzador General Belgrano, situado fora da zona de hostilidades, ou "zona de exclusão", matando centenas de soldados argentinos); não se mobilizaram os recursos nacionais para a guerra. Detalhe quase cômico (se não fosse trágico), revelado também por Juan B. Yofre: no Edifício Libertador, sede do Exército Argentino, funcionava um escritório do Pentágono (EUA) que não foi fechado durante o deslocamento da Task Force britânica nem durante a guerra, apesar de que transmitia informações... à Inglaterra. As Forças Armadas argentinas fizeram a guerra com uma antena oficial do inimigo na sua própria sede.

Segundo o analista (ou psicanalista, versão contemporânea do padre confessor) de François Mitterrand, o presidente francês lhe contou que, durante a guerra das Malvinas, a primeira ministra britânica, Margareth Thatcher, ameaçou lançar um ataque nuclear contra a Argentina se a França não cedesse os códigos de desativação dos mísseis Exocets que a França havia vendido à Argentina ("Que mulher mais terrível, esta Thatcher. Com seus quatro submarinos nucleares destacados no Atlântico Sul, ameaça lançar mísseis nucleares contra a Argentina, a menos que lhe proporcione os códigos secretos que deixariam inúteis os mísseis que vendemos aos argentinos"). A Inglaterra, diversamente da Junta Militar argentina, estava disposta a levar a guerra até suas últimas consequências, eis a chave principal de interpretação do resultado bélico do conflito.

Dois anos depois da guerra, o Partido Trabalhista britânico inquiriu o governo Thatcher acerca de se o Reino Unido havia enviado um submarino à ilha de Ascensão como apoio para um ataque nuclear contra a cidade de Córdoba, em caso de a guerra ir mal (Thatcher, claro, negou tudo). Em 2003, o Reino Unido finalmente reconheceu que sua frota durante a guerra das Malvinas havia contado com cargas de profundidade nucleares. O chefe de operações anfíbias da Task Force, comodoro Michael Clapp, declarou mais tarde que se a Força Aérea Argentina tivesse conseguido expulsar os porta-aviões ingleses para fora da zona de combate – coisa que quase aconteceu, e aconteceu de fato com um deles – "toda a operação [britânica] teria ruído completamente". Nesse caso, "teríamos que ir mais longe, não sei se até o uso da opção nuclear, não estou certo (*sic*), mas com certeza teríamos tomado medidas muito drásticas". A única possível, nesse caso, teria sido a "opção nuclear".

O momento do desembarque argentino (2 de abril) foi pessimamente escolhido, pois nesse momento as principais unidades da frota inglesa estavam em manobras, prontas para operar de imediato. Mas, só em 2003, a Inglaterra admitiu o que todo o mundo já sabia: que seus navios não haviam descarregado, antes de partir para Malvinas, o armamento nuclear que levavam a bordo. A chancelaria argumentou que isso foi devido à pressa dos preparativos bélicos. A verdade é que não o descarregaram porque estavam dispostos a usá-lo, ou não descartavam essa possibilidade.

Quando estourou a guerra, o Brasil, formalmente, declarou-se neutro. O Brasil forneceu à Argentina alguma ajuda material, até mesmo militar, com reposição de material bélico e aviões. Diante da opção dos EUA em não cumprir o Tratado Interamericano de Assistência Recíproca e aliar-se à OTAN contra a Argentina, esfumaram-se ilusões ainda existentes em círculos militares brasileiros e, mais que isto, surgiu uma nova hipótese de guerra na Escola Superior de Guerra do Brasil. Ou seja, "um conflito envolvendo o Brasil e um país do Hemisfério Norte Ocidental, muito mais poderoso econômica e militarmente, devendo o Brasil contar com os seus próprios recursos", segundo mencionou-se em um de seus textos. Na prática, porém, o governo de João Baptista Figueiredo não adotou nenhuma medida ou política real de apoio à Argentina, declarando que não tomaria nenhuma iniciativa contra o bloqueio comercial declarado pela CEE (Comunidade Econômica Europeia) contra a Argentina, e não condenando o avanço da frota inglesa pelas águas do Atlântico Sul. O governo do Brasil, portanto, teve uma política de capitulação diante do ataque anglo-ianque.

O governo brasileiro se limitou a alertar os EUA de que não aceitaria que tropas britânicas atacassem a região continental da Argentina durante a guerra. Houve dois encontros, em maio de 1982, entre os presidentes do Brasil e dos EUA (Ronald Reagan) além do secretário de Estado dos EUA, Alexander Haig: "Não se pode avaliar até que ponto se pode conter a opinião pública. Se ocorrer o pior, a solidariedade americana certamente eclodirá. Que a Inglaterra não chegue a esse ponto, pois seria muito delicado", teria dito Figueiredo, segundo documento desclassificado 30 anos depois pelos EUA. Haig respondeu: "Os Estados Unidos não sabem o que os ingleses farão, porque nada dizem. Não se pode controlar o que a Inglaterra vai fazer". Haig e Figueiredo falaram abertamente sobre o risco de a União Soviética aproveitar o conflito para aumentar sua influência junto aos argentinos.

O governo brasileiro temia que os soviéticos ajudassem a Argentina com seu programa nuclear, fornecendo urânio enriquecido. Haig "confirmou que a URSS estava jogando a longo prazo". Figueiredo concordou e afirmou que "quem estava lucrando era exatamente a União Soviética". E defendeu que "não se pode perder a Argentina para a causa do Ocidente e este objetivo somente seria realizável desde que o regime argentino não se desestabilizasse". O medo do brasileiro era que o governo argentino caísse "nas mãos dos peronistas, como aliados dos comunistas, que dele posteriormente tomariam conta (*sic*)". Para Figueiredo, essa combinação poderia provocar o aparecimento no sul do continente de "uma Cuba muito maior". Ou seja, nenhuma preocupação com a reivindicação argentina ou com a América Latina, e toda a preocupação com a "defesa do Ocidente (capitalista)".

A posição chilena foi, como já visto anteriormente, de aliança ativa e militar com a Inglaterra. Ao ser informado dos planos do governo inglês de deflagrar um ataque em território continental argentino, Reagan disse a Margareth Thatcher que uma ação desse tipo criaria uma crise política em toda a região. Thatcher não prestou atenção, e ordenou que um comando das SAS, forças especiais britânicas, atacasse a base dos Super Étendards argentinos em Río Grande, na Terra do Fogo. A operação fracassou e o helicóptero das SAS caiu em Água Fresca, território chileno, onde a ditadura de Augusto Pinochet lhes dera uma base de operações. Toda a operação ficou no secreto, à época.

Na época, também, circulou a versão de que os EUA pretendiam instalar uma base militar nas Ilhas Malvinas para fechar a chave do Atlântico e controlar a rota do petróleo do Oriente Médio. A decisão de Cuba de oferecer tropas à Argentina para lutar contra o imperialismo em defesa das Malvinas acrescentou um novo elemento à geopolítica do conflito. O general argentino Roberto Marcelo Levingston, ex-ditador militar em 1971, chegou a propor, em matéria paga nos jornais argentinos, a reversão das alianças internacionais historicamente tecidas pelo país com o "bloco ocidental", para aliar-se com a URSS e os países do Pacto de

Varsóvia. O diplomata Nicanor Costa Méndez, representante da ditadura argentina nas negociações na ONU, e crítico histórico da participação argentina no Movimento de Países Não Alinhados, declarou que o conflito Argentina/Inglaterra era parte do conflito Norte/Sul (mas abstendo-se de chamá-lo de frente dos países do "Sul" contra o imperialismo).

O Partido Comunista Argentino conclamou inicialmente, como vimos, à "unidade nacional" (com a ditadura...) em torno da luta pelas Malvinas, saudando o "apoio incondicional" da URSS à Argentina. A sua palavra de ordem de "paz com soberania" ignorava que a única soberania possível era a que derivava da derrota política e militar das potências imperialistas. O *Clarín*, por sua vez, se perguntava as razões da "neutralidade" soviética no conflito. Na verdade, a URSS, membro permanente do Conselho de Segurança da ONU, negou-se a vetar as resoluções desse organismo que exigiam a retirada imediata das tropas argentinas das Malvinas. Para além de alguma tímida retórica, a posição da URSS foi, na prática, perfeitamente sintonizada com as posições das nações imperialistas. Sem falar na total ausência de qualquer mobilização impulsionada pelos PCs do mundo inteiro em favor da Argentina, nem sequer nos momentos álgidos da batalha nas ilhas. O PCA se alinhava com a ditadura e a burguesia argentina ao pôr como horizonte da luta pelas Malvinas a "luta contra o colonialismo", apresentado como um anacronismo histórico e internacional, e não a luta *anti-imperialista*, pois era o apoio do imperialismo mundial ao Reino Unido a chave para a vitória deste no conflito.

Em 1º de junho de 1982, na véspera da esperada derrota argentina, o Papa João Paulo II chegou a Buenos Aires para "orar pela paz". O Papa permaneceu no país por dois dias, durante os quais desenvolveu uma intensa atividade que compreendeu, fundamentalmente, uma prolongada entrevista com a Junta Militar e com o presidente Galtieri, duas missas celebradas junto aos cardeais, que congregaram centenas de milhares de pessoas, uma delas em Palermo e a outra em Luján. Durante esses atos e outras aparições ante a multidão, o Papa pronunciou discursos em espanhol, pedindo a toda a nação que orasse pela paz. Antes de voltar para Roma, o Sumo Pontífice manteve uma conversa a sós com o presidente Galtieri, cujos termos nunca foram revelados.

A diplomacia vaticana estava também tentando chegar a um cessar-fogo negociado. A aliança "ocidental e cristã" estava ficando demasiadamente danificada pelo conflito. No mesmo dia, ao anoitecer, as forças britânicas iniciaram o assalto final sobre Puerto Argentino. Os navios argentinos permaneciam ancorados no porto, sua aviação apenas existia, tendo perdido dezenas de aviões e pilotos; o material estava muito deteriorado pelas constantes operações, não havia mais mísseis Exocet; apenas algum avião de transporte conseguia ainda lançar um ou dois contêineres protegido pela noite. O bombardeio das posições argentinas a partir do mar, do ar e da terra era contínuo. Circulavam rumores sobre a eficácia e letalidade das tropas britânicas. Os soldados recrutas argentinos que ainda defendiam as Malvinas começavam, segundo testemunhos, a perder o moral. A conduta de seus oficiais não os ajudava: "*Nuestros propios oficiales fueron nuestros peores enemigos*", disse Ernesto Alonso, presidente del CECIM, grupo de veteranos de guerra fundado por Rodolfo Carrizo e outros soldados do Regimento 7. "*Ellos se suministraron con el whisky de los bares, pero no estaban preparados para la guerra. Ellos desaparecieron cuando las cosas se pusieron serias*".

O comando britânico considerou que um ataque diurno era demasiadamente perigoso, e decidiu avançar através dos montes que rodeiam a Puerto Argentino pela noite, para não incorrer na mesma falha ocorrida em Goose Green. Durante a noite do dia 11 ao dia 12 de junho, os Royal Marines britânicos tomaram o monte Harriet, com fogo de artilharia pesada. Os soldados argentinos do Regimento 4º, no monte, receberam mil disparos procedentes de seis peças de artilharia. O monte foi capturado com a perda de dois fuzileiros navais britânicos e 24 feridos. Os montes Longdon e Dos Hermanas caíram também, porém não sem combate. No morro Dos Hermanas a batalha durou mais de seis horas.

Os fuzileiros navais ingleses do Batalhão de Comandos 45º perderam quatro homens e tiveram onze feridos. O capitão Ian Gardiner lembrou: "Um quadro duro de uns vinte argentinos havia permanecido por trás e havia lutado, e eram homens valentes. Os que ficaram e lutaram tinham algo". Os soldados recrutas argentinos lutaram como leões. Segundo o general Julian Thompson, falando acerca do contra-ataque argentino no monte Longdon:

> Em um determinado momento estive a ponto de retirar meus paraquedistas do monte Longdon. Não podíamos acreditar que esses *adolescentes fantasiados de soldados* estivessem nos causando tantas baixas (grifo nosso).

Vinte soldados ingleses e cinquenta argentinos morreram na primeira noite da ofensiva final britânica sobre Port Stanley. Esse número elevava as baixas inglesas para 228 mortos e as argentinas para 596. Na noite da sexta-feira, 11 de junho, as tropas inglesas avançaram oito quilômetros em direção à capital do arquipélago. Os feridos ingleses, em numero de 61, chegaram dia 14 de abril durante a noite à base de Breze Norton, a noroeste de Londres, procedentes de Montevidéu, de onde vieram em um voo direto. Dois dos feridos estavam em estado grave. A rendição argentina era esperada em Londres, onde o Ministro da Defesa, John Nott, havia informado na tarde de 14 de junho que as tropas britânicas haviam capturado os montes Tumbledown e Williams e as alturas de Wireless Ridge, situadas apenas a 4 km do centro de Port Stanley, forçando os argentinos a bater em retirada.

No dia 12 de junho de 1982, os soldados britânicos já controlavam a maior parte do monte Longdon, ao preço de treze mortos e 27 feridos da Companhia B do Batalhão 3º de Paraquedistas, e a resistência argentina continuava. Os argentinos sobreviventes das 1ª, 2ª e 3ª seções combateram até esgotar a munição. Segundo Julia Solana Pacheco, seis soldados argentinos do Regimento 7º (os recrutas Ramón Quintana, Donato Gramisci, Aldo Ferreyra, Enrique Mosconi, Alberto Petrucelli e Julio Maidana), feridos e feitos prisioneiros, foram fuzilados ou esfaqueados pelos paraquedistas britânicos no monte Longdon. O oficial britânico Vincent Bramley também denunciou o fuzilamento de argentinos no monte Longdon. Durante essa noite morreriam os três únicos civis caídos no conflito, três mulheres *kelpers* de Puerto Argentino, cuja casa foi atingida por um obus britânico. Ao amanhecer do dia 12, a capital malvinense estava à vista das tropas britânicas.

A carência de munição e meios de todo tipo dos argentinos era crítica, a improvisação supriu sua falta. Os argentinos montaram um míssil sobre uma precária construção terrestre e desenvolveram durante semanas a engenharia reversa necessária para torná-la operacional. O sistema foi chamado humoristicamente "ITB", sigla de Instalación de Tiro Berreta (*berreta* significa "de péssima qualidade", em gíria argentina ou portenha). Às 3:00 do dia 12 de junho o míssil foi disparado com resultado eficaz. O míssil atingiu o navio County HMS Glamorgan por trás, no hangar de helicópteros, destruindo um helicóptero Wessex, matando treze homens e provocando um forte incêndio. Um sentimento de histeria surgiu no almirantado inglês. Era uma aplicação improvisada de uma arma letal que inutilizara o HMS Glamorgan em uma ação inédita. A ação contra o Glamorgan deteve o ataque terrestre britânico durante todo o dia 12, pois o apoio desde o mar ficou impedido. O assalto britânico demorava ante a desesperada resistência argentina. Um infernal dilúvio de balas se abateu sobre o Regimento 7º, que seria a unidade com mais baixas da guerra: 36 mortos e 152 feridos. As bocas de fogo da artilharia britânica esmagaram constantemente as posições argentinas com um intenso e preciso fogo: "Durante as doze últimas horas de luta, descarregaram seis mil tiros de artilharia", informaram Max Hastings e Simon Jenkins.

A Força Aérea Sul operou até o último momento da guerra e, embora o triunfo britânico fosse iminente, o empenho dirigia-se a manter elevado o moral das forças terrestres que resistiam ao avanço final inimigo. A 13 de junho (um dia antes da rendição argentina), o C-130 TC-65 aterrissou em Puerto Argentino para desembarcar um canhão de 150 mm, que não chegou a ser utilizado. As companhias do tenente-coronel Omar Giménez se desmoronaram; seus homens e os paraquedistas que os acompanhavam fugiram até Moody Brook. Um soldado argentino relatou: "Quando vimos a bandeira branca estendida no mastro, a maioria ficou chorando". O comandante das Guardas Escocesa e Galesa declarou: "Não há dúvida de que os homens que nos opuseram eram soldados tenazes e competentes, e muitos foram mortos em seus postos". Quando os britânicos decidiram o avanço final, não encontraram mais resistência.

Segundo uma fonte inglesa, esse desfecho era "o resultado de quatro dias de operações psicológicas executadas pelo coronel Mike Rose, do SAS, e o capitão Rod Bell, tradutor. Estavam desde o dia 10 falando com [Mario Benjamín] Menéndez pelo rádio, ganhando sua confiança e insistindo na rendição 'com dignidade e honra'. O 2º PARA entrou nos arredores de Puerto Argentino com suas boinas em vez dos casacos de combate e tremulando bandeiras britânicas. No dia 13, o comandante das forças britânicas Jeremy Moore chegou de helicóptero a Puerto Argentino e conversou com Menéndez. Quando o primeiro mostrou ao segundo os documentos de rendição, Menéndez riscou de imediato a palavra 'incondicional'. Não era isso o acordado durante as conversações secretas de rádio dos dias anteriores".

A 14 de junho, Menéndez se comunicou por rádio com Galtieri, que lhe disse que deveria contra-atacar as forças britânicas com todos seus soldados, lembrando que o Código Militar argentino estipulava que um comandante devia lutar até perder 50% de seus efetivos e até ter usado pelo menos 75% de suas munições. Disse a Menéndez: "Agora a responsabilidade é sua". Segundo Duncan Anderson, foi esse o momento em que o moral de Menéndez se quebrou. Menéndez, finalmente, rendeu-se sem combater.

Uma fonte governamental britânica afirmou em Londres que o governo de Margareth Thatcher desejava retirar os argentinos das ilhas o mais cedo possível: "Estamos dispostos mesmo a retirá-los pelo ar, porque seria mais rápido do que por mar". Em Londres, Margareth Thatcher anunciou no dia 15 de junho, pela manhã, no recinto do Parlamento, que o comandante argentino, general Mario Benjamín Menéndez, assinara o ato de rendição de suas tropas às 21 horas de segunda-feira, 14 de junho. O Ministro da Defesa John Nott afirmou que os soldados argentinos seriam mantidos como reféns até que a Grã-Bretanha recebesse uma resposta à consulta que fizera à Argentina, através da Suíça, para saber se seu governo considerava terminadas as hostilidades no Atlântico Sul e não apenas nas Ilhas. Os ingleses, aparentemente, temiam que o governo de Buenos Aires pudesse usar a Força Aérea, que eles haviam aprendido a temer, para atacar as unidades da Força Tarefa estacionadas ao largo de Port Stanley.

Nott disse que a Grã-Bretanha desejava repatriar os prisioneiros argentinos o mais rapidamente possível, em navios da Força Tarefa, mas ressaltou que, "enquanto existirem hostilidades, eles continuarão prisioneiros de guerra nos termos da Convenção de Genebra". Margareth Thatcher ressaltou que não desejava mais negociar a soberania das Falklands com ninguém, "a não ser com seus moradores": "Não posso aceitar que esses homens [os soldados ingleses] tenham arriscado suas vidas para que um mandante das Nações Unidas se estabeleça no arquipélago", descartando assim uma administração provisória da ONU. Margareth Thatcher garantiu que não exigiria indenização da Argentina e "reafirmou a decisão britânica de defender sua soberania em qualquer parte do mundo".

A primeira-ministra continuou, dizendo que a campanha das Malvinas "foi uma operação militar ousadamente planejada, bravamente executada e brilhantemente cumprida". John Nott afirmou que os mais de onze mil prisioneiros argentinos não constituíam um grande problema para os ingleses: "Comida não é problema, mas não temos alojamento para tantas pessoas, depois que perdemos 4500 barracas de campanha, que estavam no cargueiro Atlantic Conveyor".

O general Mario Benjamín Menéndez se rendeu ao general Jeremy J. Moore às 23:59 do dia 14 de junho de 1982, sendo testemunha o coronel Pennicott. Depois de 74 dias de operações, 907 pessoas tinham morrido, 652 argentinos e 255 britânicos. Os oito mil soldados argentinos remanescentes foram desarmados e concentrados no aeroporto na qualidade de prisioneiros de guerra. No dia 15 de junho de 1982, a bandeira colonial britânica foi içada novamente no edifício do governo das ilhas. O restante das unidades argentinas presentes no arquipélago entregaram suas armas. O navio de assalto anfíbio Fearless, onde foi alojado o comando das tropas argentinas, estava ancorado em San Carlos, na costa oeste da Ilha Soledad. O traslado do general Menéndez e vários oficiais argentinos para o Fearless foi feito em um Sea King. Não havia um só jornalista, nem fotógrafos presentes quando subiram, ainda que os houvesse no navio. Na coberta estava o almirante Clapp, comandante da força de transporte inglesa, e o comandante do navio, capitão de fragata Larken, que recebeu os recém-chegados na posição militar.

Um porta-voz do Ministério da Defesa britânico disse que a palavra "incondicional" no Termo de Rendição argentino não tinha um significado particular e que não havia razão para que o general Jeremy Moore, comandante das forças terrestres, insistisse na sua permanência. O termo teve a seguinte redação: "Eu, abaixo assinado, comandante de todas as forças argentinas de ar, mar e terra nas Ilhas Falklands, rendo-me (palavra incondicional riscada) ao Major-General J.J. Moore, CB (Companion of the Bath), OBE (Officer of the British Empire), MC (Military Cross), representante do Governo de Sua Majestade Britânica. Nos termos desta rendição, todo o pessoal argentino nas Ilhas Falklands deve se dirigir aos locais determinados pelo General Moore e depor as armas, munições e todas as outras armas ou equipamentos militares, segundo as indicações do General Moore ou oficiais ingleses, agindo em seu nome. Depois da rendição, as forças argentinas serão tratadas com honra, de acordo com as condições propostas pela Convenção de Genebra de 1949. Eles obedecerão às instruções relacionadas com movimentação e acomodações. Esta rendição entra em vigor às 23 horas e 59 minutos do dia 14 de junho e inclui as forças argentinas atualmente sitiadas dentro e ao redor de Port Stanley, as que estão na Falkland Leste, na Falkland Oeste e nas ilhas circundantes".

Assim que se teve confirmação, em Buenos Aires, de que o comandante das Malvinas se rendera, cerca de dez mil manifestantes se reuniram na Praça de Maio, em frente à Casa Rosada, protestando, em primeiro lugar, por ter sido durante todo o tempo do conflito enganados. Os manifestantes foram dispersos pelas tropas estacionadas na Praça. Os manifestantes chamaram o governo Galtieri de traidor, em meio ao tumulto provocado pelas granadas de gás lacrimogêneo, que riscavam o céu e explodiam por toda a parte. Houve prisões. O povo, agredido novamente pelos militares, gritava: "*Se va a acabar, se va a acabar, la dictadura militar*". A luta popular reiniciava, a ditadura estava politicamente morta. Leopoldo Galtieri, à noite, pela televisão, prometeu implicitamente uma guerra prolongada, se a Inglaterra decidisse "reinstaurar o regime colonial" nas Malvinas. O combate de Puerto Argentino terminara, mas a Argentina não renunciava aos seus direitos sobre as ilhas e conseguiria, disse Galtieri, a soberania das Malvinas "mais cedo ou mais tarde": "Quem não contribuir para assumir nossa identidade será afastado". O primeiro afastado seria ele mesmo. A situação se tornou incontrolável para o regime militar, após a derrota.

No dia 20 de junho, cinco navios britânicos se apresentaram nas ilhas Sandwich do Sul e a guarnição argentina de Thule se rendeu sem luta. Houve relatos de atrocidades cometidas pelos britânicos contra prisioneiros argentinos, mas todos os prisioneiros foram repatriados durante o mês seguinte. Alfredo Astiz, o criminoso oficial argentino, teve sua extradição reclamada pela Suécia e pela França enquanto se encontrava preso em Londres: o governo conservador britânico, inimigo da Argentina, mas solidário com o genocídio praticado pela ditadura militar, recusou a medida e o devolveu a Buenos Aires. Tempos depois, a besta humana retomaria o comando de tropas navais em Puerto Belgrano, posto no qual permaneceria durante a renascida "democracia argentina". Diversamente do tratamento dispensado a este "oficial", 123 dos 237 soldados argentinos enterrados em território malvinense (existe um cemitério específico para eles, separado do cemitério local) estão enterrados em túmulos sem nome ("NN"), pois tinham ido à guerra sem documentos, ou estes foram perdidos nas ações bélicas.

No Reino Unido, a vitória tirou o governo de Margareth Thatcher do atoleiro político em que se encontrava por suas duras políticas sociais e sua guerra contra os sindicatos. Para Hugo Young, "na história política de Margareth Thatcher a guerra representou um papel de vitória incondicional. Concluída em uma grande vitória, a treze mil quilômetros do país, determinou que sua posição fosse inatacável, tanto no partido como na nação. Garantiu-lhe o que antes não estava garantido: um segundo mandato no governo". A importância deste fato foi decisiva, na Europa e no mundo.

Thatcher ganhou as eleições britânicas de finais de 1982 com a mais ampla maioria que havia tido um candidato desde 1935. Isto lhe permitiu enfrentar com total força política os sindicatos e os conflitos grevistas, culminando com a violenta e espetacular derrota da greve mineira de 1984-1985. No mesmo ano, lhe deu autoridade internacional para dar o primeiro sinal verde do mundo capitalista à *perestroika* de Mikhail Gorbatchev. Começava a "era de ouro" do neoliberalismo, e Margareth Thatcher conseguiu continuar no poder até 1990.

A vitória inglesa também teve seu peso na (re)constituição do eixo geopolítico Inglaterra-EUA, abalado não só pela decisão inglesa de ignorar as tentativas de mediação norte-americanas no conflito das Malvinas, mas também, como sublinhou Richard Aldous, pela invasão norte-americana da ilha caribenha de Granada, situada no "quintal" dos EUA, mas membro do Commonwealth britânico. Internacionalmente, a guerra das Malvinas reforçou a "relação especial" entre os Estados Unidos e o Reino Unido, eliminando rusgas precedentes e favorecendo o chamado "atlantismo extremo", que teve seu papel mais importante na pressão contra a URSS, culminada com a dissolução desta em 1991, assim como na (parcial) reversão das tendências políticas mundiais prevalecentes desde 1968 (marcadas pelo maio francês; pela "Ofensiva do Tet", do Vietcong, no Vietnã; pela "primavera de Praga", isto é, pelo abalo dos cimentos das relações políticas e internacionais preexistentes). Não foi, portanto, uma questão geopolítica marginal a que esteve em jogo, em 1982, nas geladas águas e terras do extremo Atlântico Sul. Por isso mesmo, não foi por acaso que, em maio de 2012, uma enquete de *Foreign Policy*, a revista global do *Washington Post*, concedeu a Margareth Thatcher o *status* de "mulher mais influente e poderosa de toda a história" (a única a receber dez pontos numa escala de zero a dez)...

# 10. As Razões da Derrota Argentina

A guerra das Malvinas foi o primeiro conflito aeronaval moderno em que se enfrentaram armas de alta tecnologia, com boa vantagem estratégica inicial para as forças britânicas. Isso só não explica a rápida vitória da frota inglesa. Como todas, e talvez de modo mais claro, a guerra das Malvinas foi a continuação da política (dos países enfrentados, e de suas relações internacionais) por outros meios. Um fator importante foi o apoio logístico (espionagem via satélite incluída) que o Reino Unido recebeu dos Estados Unidos e da OTAN, o que lhe conferiu vantagem militar estratégica. Este fator foi mais importante que o armamento propriamente dito, segundo o relato de um já citado membro da inteligência britânica à época:

> Los misiles Sidewinder y las bombas Paveway, con que fueron dotados los Sea Harrier, fueron lo de menos. Lo principal fue la inmensa cantidad de petróleo y lubricantes que liberaron secretamente de depósitos destinados a las fuerzas de la OTAN, y el uso sin límites del aeropuerto en Ascensión, que les pertenecía.

Sem esquecer a excepcional covardia de alguns militares argentinos: Alfredo Astiz e Luis Lagos entregaram as Ilhas
Geórgias sem disparar um tiro; o general Mario Benjamín Menéndez, governador designado das Malvinas, depois das fan-
farronices iniciais (*"manden el principito"*, devido à presença
do príncipe William nas tropas inglesas), entregou as Malvinas
ao primeiro indício de ameaça ao seu *bunker*. Rodolfo Pereyra
insistiu, além disso, na excepcional idiotice de Galtieri e do comando militar argentino, que "não lhe permitiu intuir a necessidade de ampliar a pista de Port Stanley (Puerto Argentino)
para que a aviação de combate pudesse operar dali. A FAA tinha
os meios para executar a obra em pouco mais de uma semana.
Se ela tivesse sido construída, o resultado da guerra poderia ter
sido diferente". Com todas essas limitações, os ataques aéreos
argentinos conseguiram êxitos tão importantes que levaram o
almirante Woodward a ter dúvidas quanto ao futuro da guerra:
"Naquela etapa a guerra se havia convertido em uma disputa de
prêmio entre a Royal Navy e a Força Aérea Argentina. Quem
estava ganhando naquele preciso momento? Receio que não
fôssemos nós".

As perdas de material militar foram as que seguem:

| Argentina | Reino Unido |
|---|---|
| 1 cruzador | 2 destróieres |
| 1 submarino | 2 fragatas |
| 4 cargueiros | 2 navios logísticos de desembarque |
| 2 barcos patrulha | 1 navio porta-contêneres |
| 1 traineira para espionagem | --------- |
| --------- | 24 helicópteros |
| 25 helicópteros | 10 caças |
| 35 caças | |
| 2 bombardeiros | |
| 4 aviões de carga | |
| 25 aviões de ataque ligeiro | |
| 9 traineiras armadas | |

As perdas militares foram bem maiores do lado argentino, assim como o número de baixas humanas (652, para 255 inglesas; 1 068 × 777, no número de feridos). O material militar, o preparo das tropas, a logística, eram muito superiores do lado britânico. A Argentina teve 14 de suas aeronaves derrubadas por mísseis e pela artilharia antiaérea da esquadra no mar, bem como 19 pelos Sea Harriers. As forças militares argentinas praticamente esgotaram seu material estratégico; as forças britânicas estiveram muito longe disso, e podiam contar (mediante aliados e apoios) com um suprimento quase infinito. O material avançado de guerra argentino provinha exatamente dos países aliados do Reino Unido. O fator decisivo foi a condução da guerra, tanto no campo direto de operações como no campo político mais amplo.

A incapacidade de obter informação oportuna, devido à carência de um centro de inteligência e informação competente, impediu a Argentina de apreciar a real situação britânica no próprio momento em que a Força Aérea Sul cumpria sua última missão. Relatou o almirante Sandy Woodward, a 13 de junho:

> Já estamos nos limites de nossas possibilidades, com apenas três navios sem maiores defeitos operacionais (o Hermes, o Yarmouth e o Exeter). Da força de contratorpedeiros e fragatas, 45% estão reduzidos à capacidade operacional zero.

A Força Aérea Argentina havia perdido, por diversas causas, 74 aviões, 33 deles em missões de combate, além de 41 tripulantes que sacrificaram suas vidas, sem possuir a informação situacional correta para fazer sucumbir uma das esquadras mais poderosas e tecnologicamente avançadas do mundo.

O plano original da ocupação argentina das ilhas previa sua realização não antes de 15 de maio, e quase com certeza em dezembro de 1982. Julian Thompson, comandante dos Royal Marines na guerra, apontou: "Se tivessem esperado um pouco, seguramente não teríamos podido responder do modo como o fizemos". Em finais de 1981, a Grã-Bretanha havia decidido vender seus dois porta-aviões e retirar do serviço ativo seus grandes navios de desembarque, tirando-lhe a possibilidade de realizar grandes operações anfíbias. A Royal Navy ficaria reduzida a uma força de defesa costeira. O general Jeremy Moore, comandante das forças terrestres britânicas nas Malvinas, disse que sem os porta-aviões e os grandes navios anfíbios "não teríamos podido enfrentar a Força Aérea Argentina, nem realizar um desembarque terrestre com nossas tropas". Em maio de 1982, a Armada Argentina ia receber da França um carregamento de vinte mísseis Exocet: quando ocupou as ilhas, só tinha cinco.

Ora, se um exército espera ser atacado por uma frota naval e não aguarda para municiar-se do material necessário para enfrentá-la, é porque não prepara realmente a guerra, porque não é um verdadeiro exército em operação, mas uma farsa política. A ditadura argentina organizou um simulacro de guerra correspondente ao simulacro de soberania da ocupação das ilhas. Sua tragédia, que virou tragédia nacional, foi que do lado inglês não havia simulacro possível.

Um relatório de 17 tomos sobre a guerra foi elaborado, pouco depois da derrota argentina, pelo general Benjamín Rattenbach, por encargo de Reinaldo Bignone, que sucedeu a Galtieri na presidência na última fase da ditadura militar. O general Rattenbach era um veterano militar reformado de 87 anos de idade, formado na "escola prussiana" de oficiais da década de 1920, assíduo participante de conspirações e golpes militares reacionários, a partir do golpe militar de 6 de setembro de 1930 que derrubou o governo eleito de Hipólito Yrigoyen. Uma verdadeira "autoridade moral" castrense.

O documento (ou "informe") Rattenbach, concluído em novembro de 1983, logo depois da vitória eleitoral de Raúl Alfonsín nas eleições presidenciais, foi classificado como segredo político e militar pelo regime. O texto, já tornado público, qualificou de "aventura militar" a tentativa argentina de recuperar as Malvinas, e recomendou severas sanções aos integrantes da Junta Militar, entre elas a pena de morte para Leopoldo Fortunato Galtieri, qualificado de "delinquente" junto com o titular da Marinha, Jorge Isaac Anaya (o titular da Força Aérea, Basilio Lami Dozo, ao contrário, foi elogiado no documento)[1]. O documento assinala que ninguém no governo militar considerava possível que o Reino Unido enviasse tropas para recuperar as ilhas. Em entrevista com a jornalista Oriana Fallaci, pouco depois da guerra, Galtieri admitiu que de modo algum esperava uma resposta militar inglesa à ocupação das Malvinas, e que não a esperou sequer quando a Task Force estava a caminho: a ocupação das ilhas não fora um ato de guerra, mas uma ameaça inconsequente.

O "Informe Rattenbach" relata como foi encolhendo a margem de manobra do regime militar, desde reivindicar a soberania do arquipélago até a oferta de retirar as tropas. O texto critica as "falhas de coordenação" entre as Forças Armadas, os "erros" de Mario Benjamín Menéndez, governador militar das ilhas após o desembarque argentino, e à "falta de presença" de chefes militares na frente de batalha. Os investigadores militares concluíram que todas as tarefas de comunicação, logística e tática foram "ineficientes", condenaram o "excesso de otimismo e a incapacidade para o planejamento das operações bélicas" e o fato de terem sido enviados às ilhas "jovens soldados sem a devida capacitação".

---

1. Anaya desprezou publicamente os ingleses chamando-os de *maricones*. O pelotão de morteiros do 3º PARA britânico, composto inteiramente por homossexuais, causou imensas perdas às tropas argentinas.

Para Rodolfo Pereyra, da Força Aérea Uruguaia: "Galtieri, principal responsável pelo conflito, desconhecia o funcionamento das modernas operações militares combinadas. Ele relegou a participação da Força Aérea nas ilhas, por acreditar que poderiam defender-se com uma grande força terrestre mal armada. O vice-almirante Lombardo, Comandante do Teatro de Operações do Atlântico Sul, não foi melhor. Pretendeu defender as ilhas contra os ágeis Harriers equipados com Sidewinders letais e contra o escudo armamentista e tecnológico da esquadra britânica com aviões aptos ao combate em conflitos de baixa intensidade[2]. Outra de suas decisões incorretas foi enviar o contratorpedeiro ARA General Belgrano em direção à esquadra britânica, sem cobertura antissubmarina, resultando na maior perda de vidas na guerra (321 homens). As mudanças arbitrárias de objetivos políticos, sem minucioso estudo de Estado-Maior que respaldasse a viabilidade do conflito e a carência de um plano ou estratégia para alcançar esse objetivo, *demonstraram que o General Galtieri e a Junta Militar não tinham capacidade de dirigir uma guerra*" (grifo nosso).

A chave da guerra foi a batalha no ar. Os porta-aviões britânicos operavam a cem milhas das ilhas. Seus Harriers podiam chegar a elas, operar durante 30 minutos e retornar. Os aviões argentinos, em troca, deviam partir desde o continente e só dispunham de dez minutos exatos de operações de combate. Teria sido diverso se operassem desde as Malvinas, para o que teria sido preciso alongar a pista de pouso e decolagem de Puerto Argentino, o que não fizeram. Havia inconvenientes técnicos, mas não tentaram resolvê-los a partir de 2 de abril até o momento em que

---

2. Pereyra não menciona que a opção militar argentina por esse tipo de veículo se devia à opção preferencial pelo combate contra a "subversão interna", produto de décadas de subserviência político-militar aos EUA.

os ingleses declararam a zona de exclusão com seus três submarinos atômicos (uns quinze dias). Depois, já não era mais possível. Operando a partir das ilhas, a Argentina teria tido uma superioridade aérea decisiva. Segundo Jeremy Moore: "Nos teria provocado problemas muito graves se seus aviões mais rápidos pudessem chegar mais longe, seu efeito teria sido muito mais sério, até poderiam ter expulsado nossos porta-aviões para fora da zona de combate". Para o comodoro Michael Clapp, nesse caso, "provavelmente não teríamos podido sustentar a campanha militar", pois "não teríamos plataformas para nossos helicópteros nem para os Harriers, toda a operação teria afundado". Nesse momento seria considerada, provavelmente, a opção nuclear contra o território continental argentino.

Ainda assim, a Força Aérea Argentina danificou seriamente a frota inglesa (afundamento do Sheffield, do navio de transporte Atlantic Conveyor, com perda da maioria dos helicópteros pesados britânicos): a frota inglesa ficou no limite de sua possibilidade operatória em alto-mar: "Em finais de junho, todos os nossos navios apresentariam problemas", resumiu o almirante Sandy Woodward, chefe máximo da Task Force. Quatorze mísseis argentinos impactaram navios britânicos sem explodir por terem mal armado as espoletas; segundo o mesmo Woodward: "Se as espoletas tivessem estado corretamente armadas, teríamos perdido o dobro de navios [...] Estive a ponto de chamar a casa para comunicar que tínhamos perdido a guerra, que logo estaríamos fora de jogo". Woodward acrescentou que, a 14 de junho, quando Puerto Argentino se rendeu, pensou: "Se os argentinos soprassem sobre nós, seríamos derrubados".

Os erros de tática militar eram decorrência da postura política geral da ditadura argentina. Um dos erros maiores da ditadura argentina foi conduzir a guerra de maneira tão limitada que os EUA, o grande suporte do Reino Unido, nunca chegaram a temer que se pudesse produzir uma expropriação de suas propriedades na Argentina, ou uma reversão das alianças internacionais desta, contra os EUA. Com essa política, a Argentina nunca pôde explorar as divergências reais que existiam entre a Inglaterra e os EUA (obrigados a reconhecer, formalmente, o direito à soberania argentina sobre as ilhas, e adversários, num primeiro momento, de uma investida militar da Inglaterra contra a Argentina). A Inglaterra montou um dispositivo de guerra total, para desenvolver um esforço bélico sem interrupções e para enfrentar batalhas em frentes territoriais mais amplas.

A Argentina se limitou a proteger (mal) a ocupação das ilhas, restringiu o campo do enfrentamento, e continuou pagando, durante o conflito, os juros da dívida externa, parcialmente repassados pelas outras potências ao Reino Unido, com o que a Argentina, conduzida pela ditadura, contribuía com o esforço bélico inglês. Durante toda a guerra, o governo militar argentino pagou a dívida externa com a Grã-Bretanha. *Política Obrera* denunciou:

> La política de la dictadura es: "respeto a la propiedad" de los opresores. Así es como Galtieri–Alemann han ido evitando hacer frente al sabotaje económico del imperialismo. El viernes 2 [de abril], sólo del Banco de Londres [de Buenos Aires] fueron retirados depósitos por diez millones de dólares. Tuvo que intervenir la Thatcher los fondos argentinos en Londres, para que la dictadura se despabilara con un ridículo control de cambios, que no impide la fuga de capitales por el mercado negro, ni impide que el capital de otras naciones imperialistas acompañe el boicot económico.

A Argentina ameaçou pedir ajuda à URSS, mas não o fez. A diplomacia argentina chegou a falar de uma OELA (Organização dos Estados Latino-americanos) para substituir a OEA, mas não avançou um passo para concretizar a oferta de apoio militar de Cuba e da Nicarágua sandinista, do Peru e da Venezuela. A CGT-Brasil (uma das duas alas em que estava dividida a central operária argentina) levantou depois de 2 de abril um programa propondo o confisco da propriedade inimiga e o não pagamento da dívida externa, mas pouco fez para mobilizar suas bases, e nada para denunciar o fato de que a ditadura militar estava levando adiante a guerra com o programa exatamente contrário.

Segundo informações reveladas muito depois, a 9 de abril de 1982 um jato russo Ilyushin II 62-M, matrícula CUT-1225, aterrissou em Brasília às 22h12m, depois de "balé noturno a oito mil metros de altitude (que) durou tensos 82 minutos. Só acabou quando os pilotos brasileiros anunciaram a decisão de atirar". O jato impressionou agentes da Aeronáutica brasileira por um detalhe: tinha capacidade para decolar com 165 toneladas de peso e 180 passageiros, mas na cabine estavam apenas três pessoas, incluindo o diplomata cubano Emilio Aragonés Navarro.

Só puderam seguir viagem depois de seis horas de negociações entre os governos do Brasil e da Argentina. Nada se soube sobre a carga. Navarro chegou a Buenos Aires por volta das 7:00 h do dia seguinte, com uma mensagem de Fidel Castro para o presidente argentino, Leopoldo Galtieri: oferta de armas e tecnologia de informações, sob patrocínio suposto da União Soviética, para o conflito com o Reino Unido. Não houve resposta, e é especulação jornalística afirmar que "começava uma operação de suprimento clandestino de armas para a Argentina, montada pela URSS, negociada por Cuba, e com participação do Brasil, Peru, Líbia e Angola"[3].

---

3. Segundo essa versão, a ditadura argentina se valeu de uma ponte aérea de armamento com destino a Buenos Aires, com escalas nos aeroportos de Recife e do Galeão (Rio de Janeiro), que chegou à média de dois voos diários. Segundo o *Jornal do Brasil*: "Enquanto a Argentina enfrentava um bloqueio financeiro, comercial e militar europeu, a Grã-Bretanha recebia ajuda dos EUA, o que motivou os soviéticos a mobilizarem o ditador cubano Fidel Castro para atuar em favor dos argentinos. Enquanto mantinha o discurso oficial de neutralidade, o Brasil ajudava o governo do general-ditador Leo-

*Política Obrera* concluiu que "o que se coloca é pôr a nu que na base da derrota se encontra a submissão doutrinária, estratégica, logística e política das Forças Armadas argentinas ao imperialismo". Foi uma política determinada pelos limites históricos de uma classe social (a burguesia argentina) e suas instituições, inclusive as armadas. A derrota não foi produto da "ignorância" das regras da geopolítica internacional e até das regras militares, como pretendeu o célebre historiador argentino José Luis Romero. A ignorância, certamente, existia, mas não era causa, senão consequência, da formação histórica de uma classe social e de sua casta militar. A sua superação foi a tarefa histórica que a derrota de Malvinas deixou colocada para o país.

Os altos oficiais argentinos gastaram mais tempo, durante o conflito, em proteger-se a si próprios do que na preparação da defesa militar do país. Recrutas e muitos suboficiais combateram com valentia e, em alguns casos, realizaram verdadeiras façanhas, como as improvisações para usar os mísseis Exocet e para usar armas não adequadas para o conflito, sem falar no heroísmo dos jovens recrutas argentinos. A inteligência britânica reconheceu explicitamente, por exemplo, a valentía do soldado "Pedro", um argentino nunca identificado que não se rendeu e lutou sozinho até a morte, ou do *dragoneante* (soldado de baixa patente da Marinha) Claudio Scaglione, que não recebeu nenhum reconhecimento póstumo. Centenas de soldados foram mortos,

poldo Galtieri a receber mísseis e aviões russos procedentes da Líbia. 'Gradualmente' – registrou o Conselho de Segurança Nacional em memorando ao presidente Figueiredo –, a Argentina estreitava 'seus contatos com o Brasil, em graus diversos de formalidade'. E requeria 'cooperação em termos mais concretos'. Brasília começou a receber lista de pedidos: créditos e facilidades para operações triangulares de comércio com a Europa; aviões para entrega imediata; bombas incendiárias e munição para fuzis; sistemas de radar e querosene de aviação, entre outras coisas. O Itamaraty recomendava 'tratamento favorável' a quase tudo, enquanto a tensão aumentava no ritmo da marcha da frota britânica pelo Atlântico Sul".

enquanto seus chefes procuravam uma saída em acordo com os EUA e a Inglaterra. Depois da derrota argentina, choveram acusações acerca da conduta militarmente inepta, e violenta contra seus soldados, dos oficiais argentinos.

O subtenente Gustavo Malacalza do Regimento 12 foi acusado de ter estaqueado três soldados rasos em Goose Green, por ter abandonado seus postos para buscar comida, e revelar suas posições usando armas de fogo contra animais. "Estaquear" é provocar a imobilização total de uma pessoa com uso de estacas amarradas em todas as suas extremidades. O soldado raso Mario Oscar Núñez, com dois companheiros, todos esfomeados até o limite do suportável, tomaram a decisão de matar uma ovelha (nas Malvinas, como vimos, havia centenas de milhares delas).

Quando estavam preparando a ovelha para cozinhar foram surpreendidos pelo subtenente Malacalza, com efetivos da Companhia A do Regimento 12, que os surraram: "Ellos empezaron a patearnos y pisotearnos. Finalmente llegó el estaqueo". O subtenente Juan Domingo Baldini do Regimento 7 também foi acusado de castigar cruelmente três recrutas de seu pelotão por abandonar seus postos para buscar comida. Vincent Bramley, oficial de metralhadoras do 3º PARA inglês, concluiu, depois de uma pesquisa voltada à redação de um livro sobre a guerra, que os oficiais argentinos em Monte Longdon demonstraram pouca ou nenhuma preocupação com os homens sob seu comando.

Outros testemunhos de soldados argentinos dão conta de uma situação de horror durante a guerra, não provocada pela hostilidade inimiga:

> "La comida empezó a escasear a los pocos días para todos los que estábamos lejos de Puerto Argentino. Después de los primeros quince días, la ración se redujo a una especie de sopa con algunos fideos. Perdí quince kilos

en mi estadía en las islas"; "Estuvimos diez soldados más de un mes en una casamata de cuatro por cuatro. Durante dos meses, no me bañé. Tuve un solo equipo de ropa y, por la gran humedad, no se secaba. Así, con la ropa puesta y mojada, nos poníamos cerca de un braserito que teníamos"; "Al oficial que estaba a cargo nuestro, cuando la situación se puso muy difícil, le vino 'hepatitis' y quedamos a cargo de un suboficial"; "Luego empezamos a retroceder rumbo a Puerto Argentino. No fue un repliegue ordenado, fue casi una disparada. Esto no porque fuéramos cagones, hubo actos de heroísmo sin límites. Los correntinos y los chaqueños pelearon como leones y, muchas veces, por la ignorancia corrían riesgos innecesarios"; "Acá empezó el hambre, no morfábamos casi nada. Vi morir compañeros por cazar patos para comer en la playa minada".

A falta de preparação para a guerra em seus aspectos mais elementares (alimentação das tropas!) misturou-se ao despotismo "normal" dos oficiais militares para com a população civil em condições de ditadura militar (incluídos os jovens civis recentemente fardados, que eram as tropas enviadas às Malvinas pela Argentina) produzindo um resultado desastroso. Como reconheceu o próprio Menéndez, posteriormente, os oficiais das For-

*O general Menéndez se rende ao comandante britânico Jeremy Moore, que exibe a redenção argentina.*

ças Armadas argentinas simplesmente não haviam se preparado para uma guerra, porque não achavam que ela fosse acontecer. As forças britânicas prepararam em inícios de junho o ataque a uma série de colinas, perto de Puerto Argentino. Menéndez foi então pressionado para tratar de contra-atacar o assentamento de Fitzroy, ocupado recentemente pelas forças britânicas, mas decidiu ficar na defensiva. O brigadeiro Julian Thompson, comandante das forças terrestres inglesas, reconheceu que um contra-ataque argentino nesse momento teria "tornado mais lento o avanço britânico, causado muitas baixas. Na minha opinião, esse contra--ataque poderia ter obrigado a opinião pública internacional a pressionar o governo britânico para que chegasse a algum tipo de acordo (com a Argentina)".

O comandante do Batalhão de Infantaria de Marinha 5º da Argentina, Carlos Hugo Robacio, disse, em um documentário:

> Yo quería contraatacar, tenía un plan y las tropas estaban listas para ir. Estábamos planeando hacerlo en la noche, pero la autorización nunca llegó. El general me dijo con toda honestidad, "no puedo apoyar esto con la logística que tenemos". Creo que debería haber desobedecido las órdenes y contraatacado. *Sólo estuvimos a un paso de ganar la guerra si hubiésemos contraatacado.* Debimos haber dado ese último paso (grifo nosso).

Dos onze mil soldados argentinos nas ilhas, só havia uma unidade de combate com capacidade para operar no conflito: o Batalhão 5º de Infantaria da Marinha (BIM5), que sustentou sua posição até o fim, e a cujo comandante foi negada autorização para lançar um contra-ataque que havia preparado ("Esperávamos esse contra-ataque, que nos teria demorado e prejudicado muito", disse o general Jeremy Moore). O restante eram batalhões de soldados sem treinamento, quase todos do Norte do país: as melhores tropas argentinas estavam na fronteira do Chile, onde a ditadura esperava, sim, uma guerra. No meio da desordem, da inexperiência, da ausência de profissionalismo e até da covardia de parte do corpo de oficiais, sem logística alguma e sob o frio e a fome, a disciplina possível era a única conhecida pelos militares argentinos: a tortura e o terror.

No caso da Argentina ter lutado com todos os seus recursos militares, econômicos e humanos, uma ação militar extraordinária, inclusive norte-americana, contra a Argentina teria certamente sido posta na agenda política imperial, provocando comoção mundial, em especial na América Latina, e uma provável reação dos exércitos do continente, embora não de suas cúpulas apodrecidas por décadas de ditaduras, corrupção e submissão internacional à "luta contra o perigo comunista". Mas os militares argentinos, ao contrário, esperaram uma negociação com os EUA e a Inglaterra até quando Puerto Argentino já estava sob cerrado e pesado ataque inglês. Em síntese: o governo (a classe dominante) inglês(a) entendia a natureza do combate que havia empreendido e o que nele estava em jogo, a ditadura militar argentina, *não*.

*Monumento em memória aos soldados argentinos caídos na guerra das Malvinas, em Ushuaia (Terra do Fogo).*

# 11. As Consequências Políticas

A onda de indignação popular que se seguiu à capitulação de 14-15 de junho ameaçou provocar a queda revolucionária da ditadura. A substituição imediata de Galtieri e do alto comando, e um novo "grande acordo" entre seu sucessor Reinaldo Bignone e os partidos políticos, selado pela Igreja Católica e baseado na convocatória a eleições para outubro de 1983, firmaram uma linha de contenção política. O Vaticano já se havia feito presente, na figura do próprio Papa João Paulo II, que viajou às pressas à Argentina para "acalmar os ânimos". E também para levar uma proposta de acordo com o Chile a respeito do conflito de limites no Canal de Beagle, que os militares argentinos, com suas pretensões nacionalistas reduzidas a zero, pretendiam levar a plebiscito antes da transferência do governo aos civis. Fracassado o projeto plebiscitário, a batata quente ficou nas mãos do governo civil, encabeçado por Raúl Alfonsín, que se livraria dela através de seu chanceler, o *scholar* Dante Caputo, herdeiro e executor da proposta papal.

*O Papa João Paulo II cumprimenta as pessoas a partir da varanda da Casa Rosada acompanhado por membros da Junta Militar.*

Apesar deste esforço máximo de manipulação da população, a indignação continuou. Surgiram grupos organizados de ex--combatentes das Malvinas (um plano de emprego, não efetivado, foi anunciado). A crise econômica levou os prejudicados de todas as classes sociais a se manifestar contra a ditadura, inclusive setores que se caracterizaram pela passividade política na época do "dólar barato" (a *plata dulce*), e das compras no exterior, de Martínez de Hoz. A ditadura tinha que acabar. Leopoldo Galtieri teve que renunciar à presidência três dias após a derrota, sendo substituído por Alfredo Oscar Saint-Jean, que por sua vez foi suplantado duas semanas depois por Reinaldo Bignone. A Junta Militar estava ferida de morte.

O movimento operário carecia da organização política capaz de unificá-lo para orientar o protesto popular (a repressão sofrida na década precedente era um fator essencial dessa carência). O ponto máximo do protesto foi canalizado pela "Multipartidária" numa enorme manifestação (300 mil pessoas), "la Marcha del Pueblo", a 16 de dezembro de 1982. Os líderes políticos se limitaram a depositar flores, em homenagem aos soldados mortos, na Praça de Maio, retirando-se depois apressadamente. A Multipartidária já não mais era o canal de protesto limitado das classes oprimidas pela política da ditadura, mas a alternativa de mudança política do próprio imperialismo diante da crise terminal da mesma ditadura. Violentos combates explodiram nesse dia entre a polícia e os populares que se manifestavam pela derrubada da ditadura (um operário, Dalmiro Flores, foi morto pela repressão militar), mas essa luta diluiu-se sem perspectivas, por estar órfã de alternativa política própria. A Multipartidária fora criada para pressionar e negociar a saída institucional. Em agosto de 1982 foi aprovado o estatuto dos partidos políticos. O proletariado argentino carecia de presença política própria (os sindicatos evitaram organizar colunas próprias nas grandes manifestações populares). Superado esse ponto, os partidos puderam consagrar o ano de 1983 à campanha eleitoral.

A derrota nacional deixou os EUA como árbitros últimos da política argentina. Sua ingerência determinou mais ou menos diretamente os ritmos da sucessão política. Juan B. Yofre o disse à sua maneira: "A democracia nascente foi filha da derrota [da Argentina nas Malvinas]". As candidaturas dos partidos majoritários (UCR e peronismo) se notabilizaram pela ausência de posturas anti-imperialistas, em especial na questão da dívida externa. A falta de estruturação política do operariado agravou-se com o enfraquecimento econômico. O desemprego conspirou contra o uso da greve, limitando-o a manifestações e passeatas setoriais. A pressão grevista só aumentou nas vésperas das eleições: movimentos que abarcaram dois milhões de trabalhadores destruíram um "pacto social" celebrado entre a ditadura moribunda, a burocracia sindical e a hierarquia católica. A burocracia sindical, dividida durante toda a ditadura, unificou-se na CGT novamente legalizada, o que lhe garantiu melhor controle da situação de crise e radicalização operária.

Por trás da vitória eleitoral do candidato da UCR, Raúl Alfonsín (com 52% dos votos para presidente, um percentual tradicionalmente "peronista"), nas eleições de outubro de 1983, se encontraram vários fatores: a precipitada retirada dos militares após o desastre das Malvinas; a decadência do peronismo, derrotado eleitoralmente pela primeira vez (inclusive nos bairros de Buenos Aires que eram seu bastião histórico). A vitória "alfonsinista" de 1983 não pode ser comparada às vitórias eleitorais radicais (UCR) de Arturo Illia (1963) ou de Arturo Frondizi (1958), porque foi obtida em confronto direto com o peronismo (proscrito nas eleições citadas), ganhando, portanto, uma "legitimidade política" ausente naquelas.

Um fato político novo acontecia na Argentina: a crise dos dois grandes atores políticos (o peronismo, sustentado historicamente pelos sindicatos, e o "Partido Militar") dera margem a um novo reagrupamento político das classes. O proletariado organizado e classista ameaçara ser o "terceiro em discórdia" da política argentina no período 1969-1976. A sua derrota e enfraquecimento no processo ulterior fizeram com que a crise da velha ordem política fosse capitalizada pela pequena burguesia democrática, que liderou as manifestações contra o regime militar no período pós-Malvinas, e se alinhou maciçamente no "alfonsinismo". Com essa base social, a vitória de Alfonsín refletiu seu sucesso em duas frentes de manobra política: *1*) A vitória interna na UCR do Movimiento de Renovación y Cambio, corrente de Alfonsín, viabilizando sua candidatura presidencial através de uma campanha "externa", mas também com concessões a setores internos (à "Linha Córdoba" da UCR do candidato à vice-presidência Victor Martinez); *2*) A aceitação da sua candidatura pelos EUA, que já vinham observando sua atitude desde maio de 1982, quando se afastou (junto aos "desenvolvimentistas" de Arturo Frondizi e à direita liberal de Álvaro Alsogaray) da ocupação das Malvinas como tal, e não só do governo que a efetuava.

As profissões de fé democrática ("com democracia se come...") de Alfonsín nas eleições bastaram para polarizá-las em seu favor contra um peronismo hegemonizado pela burocracia sindical e pelos bandos fascistas, representados pelo animalesco candidato a vice-presidente Herminio Iglesias, na chapa encabeçada por Ítalo Argentino Luder, que evocava as péssimas lembranças de seu papel em 1975 como presidente da Câmara de Senadores. A fatura dos EUA para o novo governo "democrático" argentino, pesada, veio logo no início deste com o programa do FMI, que impôs uma renegociação praticamente mensal da dívida (a dívida externa *per capita* argentina era a maior do mundo, com exceção de Israel) para controlar rigorosamente a política governamental. Em julho de 1984, o governo dos Estados Unidos se felicitava: "o programa econômico do governo argentino é realista, extremamente severo, e o melhor que se pode esperar neste momento".

A política democratizante, impulsionada diretamente pelos EUA, surgiu no bojo dos problemas criados pelo conjunto da crise política latino-americana[1]. Ela foi parida pelo governo Reagan (1980-1988), surgido com o objetivo explícito de inverter as tendências políticas internacionais, caracterizadas pelo retrocesso mundial do imperialismo norte-americano, depois das derrotas nas guerras do Vietnã e do Sudeste asiático (1972-1975). A política democratizante visava resolver a contradição entre a necessidade de uma política mais intervencionista (determinada pela própria crise) e a necessidade de manobras políticas, determinada pelo

---

1. Para um resumo, ver Kevin J. Middlebrook e Carlos Rico, *The United States and Latin America in the 1980s. Contending perspectives of a decade of crisis*, Pittsburgh, University of Pittsburgh Press, 1986.

fato do imperialismo e a burguesia não estarem diante de uma perspectiva de estabilização econômica, que permitisse simplesmente o uso de métodos de guerra civil contra as massas; no quadro de uma tendência ascendente do movimento operário e popular latino-americano.

O democratismo vulgar ou burguês visou capitalizar, com vistas a esse objetivo, o entrelaçamento inédito das burguesias nacionais com o capital financeiro internacional (produto da recolonização econômica desenvolvida no segundo pós-guerra, com sua expressão na dívida externa latino-americana), a crise da burocracia russa e de sua política mundial crescentemente subordinada ao bloco capitalista (que acabou levando ao fim da URSS em 1991), e a ausência de independência política do proletariado e das massas latino-americanas. Passou a ter um papel decisivo a pequena burguesia (ou "classe média") democratizante "de esquerda", dominante na esquerda latino-americana, cujas posições políticas foram o reflexo tardio do longo *boom* econômico do pós-guerra, combinado com o efeito das derrotas da esquerda e da guerrilha no continente, na década de 1970.

As transições políticas, passagens de regimes militares para regimes democratizantes, resultaram, portanto, da iniciativa política do imperialismo, estadunidense e europeu, combinada com a crise de dominação política das burguesias latino-americanas, expressa na crise das ditaduras, da qual a crise argentina foi a mais espetacular[2]. No caso do Chile, até o empresariado favorável a Pinochet considerou mais favorável votar *não* no último plebiscito pró-ditatorial convocado pelo ditador. Certamente, as

---

2. O ponto de vista contrário, majoritário na esquerda latino-americana, foi defendido por Guillermo O'Donnel, Philippe Schmitter e Laurence Whitehead, *Transitions from Authoritarian Rule. Latin America*, Baltimore, The Woodrow Wilson International Center, 1986; ou, ainda, Alain Rouquié, Bolivar Lamounier e Jorge Schvarzer, *Como Renascem as Democracias*, São Paulo, Brasiliense, 1985.

ditaduras entraram em crise devido ao revigoramento da resistência operária e popular nos países sul-americanos. Isolando este aspecto do contexto político geral, nacional e internacional, e purgando-se dos erros cometidos nas décadas de 1960 e 1970 em nome da "luta armada", uma "nova esquerda" surgiu no bojo da redemocratização, limitando seu horizonte político à "democracia" ("valor universal") e abandonando os "autoritários" ou "golpistas" projetos revolucionários do passado. Foi uma (pseudo) superação antirrevolucionária dos erros "foquistas" do passado.

Essa esquerda foi testada decisivamente na guerra das Malvinas, quando propiciou uma atitude neutra no conflito entre a Argentina e o bloco anglo-estadunidense, o que equivalia a se proclamar neutro em um embate entre o imperialismo mundial e uma nação oprimida, qualquer que fosse a direção política desta última. Surgia assim uma esquerda atrelada ao novo regime político prestes a emergir com expressão política em todos os países latino-americanos, mas que teve no PT do Brasil (uma vez desembaraçado de suas "tendências" revolucionárias, na década posterior) sua expressão quase quimicamente "pura", fator que teria importância decisiva na ulterior crise dos regimes neoliberais, quando diversas variantes dessa esquerda chegaram ao governo, notadamente no Brasil, o maior país do continente.

Afirmou um documento oficial de política externa dos EUA, à época: "O autoritarismo de extrema direita tem sido assim importante fator que contribuiu para uma nova e crescente ameaça à democracia na América Latina: a ameaça do totalitarismo comunista... O apoio à democracia, a própria essência da sociedade americana, está se tornando o novo princípio em torno do qual se organiza a política externa norte-americana. O apoio à democracia promove os interesses dos Estados Unidos de várias formas importantes. A democracia ajuda a garantir a segurança dos Estados Unidos. Os governos democráticos, precisamente porque devem ser sensíveis aos desejos dos seus povos, tendem a ser bons vizinhos. A competição política aberta e regular diminui a polarização e as extremas oscilações do pêndulo (como aconteceu no Chile, em Cuba e na Nicarágua) *e torna as nações mais resistentes à subversão. Os governos democráticos *são mais confiáveis como signatários de acordos e tratados* porque seus atos são sujeitos ao exame do público. A democracia também favorece importantes interesses políticos e econômicos dos Estados Unidos" (grifo nosso)[3].

O cumprimento dos acordos e o respeito dos contratos celebrados era decisivo para os EUA, hajam vista as dimensões atingidas pela dívida externa, o que determinaria a ulterior política econômica privatizante das "democracias" latino-americanas. Basta pensar no exemplo da Argentina que, entre 1976 e 1983, período da ditadura militar, drenou muito do excedente de capital existente no mundo, incrementando seu endividamento em 364%. A mudança de regimes militares para regimes civis não significou verdadeiramente a implantação de uma democracia política, mas uma fachada constitucional para um conjunto de instituições que tinham sua origem nas ditaduras militares. Os compromissos internacionais, eixo do processo de exploração internacional da América Latina, foram todos respeitados pelas neodemocracias, em especial o pagamento da dívida externa.

A continuidade (não ruptura) institucional dos regimes democratizantes com os regimes militares foi clara em diversos países latino-americanos. No Brasil, os militares garantiram sua participação direta no governo civil através dos "ministérios

---

3. Departamento de Estado dos EUA/Bureau de Assuntos Públicos, "Democracia na América Latina e no Caribe. A promessa e o desafio". *Relatório Especial* n. 158, Washington DC, março 1987.

militares"; no Chile, a oposição (incluídos o PC e o PS) aceitou governar na base da Constituição pinochetista de 1980 e garantir oito anos de mando de tropa para os comandantes pinochetistas; no Peru, a Assembleia Constituinte de 1978 legislou sob o governo militar de Morales Bermúdez; no Uruguai, a transição política baseou-se no Pacto do Clube Naval, que garantiu a impunidade militar, reforçada em plebiscito; na Argentina, as crises militares deram pretexto aos partidos políticos para institucionalizar o poder militar no Conselho de Segurança Nacional, e para preservar os militares genocidas com as leis de "ponto final" e da "obediência devida"; na Guatemala, em El Salvador, os governos democráticos não passaram de marionetes do general golpista guatemalense Rios Montt, ou do chefe dos "esquadrões" salvadorenhos Major D'Abuisson; no Paraguai, o governo "civil" sequer transcendeu os limites familiares, pois o general Andrés Rodríguez era genro do ditador Stroessner, ao qual substituiu. A hodierna democracia latino-americana nasceu sob tutela militar e imperial.

Na Argentina de Alfonsín, os autointitulados "heróis das Malvinas", encabeçados pelo coronel Mohamed Alí Seineldín e pelo major Aldo Rico, realizaram o "levantamento de Semana Santa" em abril de 1987, o movimento dos "caras pintadas", mal interpretado como tentativa de derrubada militar do governo de Raúl Alfonsín. Foi, na verdade, um movimento de um setor dos oficiais da ativa (essencialmente bem-sucedido em seus objetivos, embora concluísse com a temporária prisão de seus responsáveis) para pressionar e determinar o rumo do governo civil no que dizia respeito ao estabelecimento das responsabilidades dos altos comandos militares no genocídio de 1976-1983, submetidas a julgamento em tribunal civil. A lei de "obediência devida", como escreveu Martin Granovsky, "nada mais fez do que pôr em prática a ideia [prévia] de Alfonsín acerca dos limi-

tes ao julgamento dos militares envolvidos no massacre realizado pela ditadura".

Em 1988 houve uma nova revolta dos "veteranos malvinenses", no quartel de Villa Martelli, província de Buenos Aires, que
terminou com a prisão de seus líderes, e em dezembro de 1990,
Mohamed Alí Seineldín assumiu a responsabilidade indireta (no
dia da revolta, Seineldín estava detido em San Martín de los An-
des) de um levantamento militar, depois de cerca de 50 soldados
(a maioria oficiais) terem tomado o controle de instalações militares na Província de Buenos Aires, do Regimento de Patrícios
e do Edifício Libertador, sede do Estado-Maior-Geral das Forças
Armadas. Esta revolta teve um saldo de 14 mortos, sendo cinco
civis (resultantes de um acidente entre um autocarro e um carro
de combate) e mais de duas centenas de feridos, sendo considerada a mais violenta das revoltas militares.

Dessas pressões armadas resultariam os decretos de "ponto final" (dos testemunhos das vítimas no julgamento) e de
"obediência devida" (que inocentaram praticamente todo o
oficialato das Forças Armadas) ditados pelo governo Alfonsín,
completados na década de 1990 pelas leis de indulto ditadas pelo
governo Menem, anulando as condenações já ditadas contra os
membros das Juntas Militares, declarados culpados por uma
parte insignificante dos inúmeros crimes cometidos durante o
período militar. Foram necessários anos de pressões (nacionais
e internacionais) para que se reabrissem processos destinados a
julgar parte dos crimes mais atrozes dos oficiais genocidas, aqueles declarados imprescritíveis (como o roubo e venda de bebês de
pais "desaparecidos", isto é, assassinados).

Além da continuidade institucional com o autoritarismo
militar, a política democratizante não foi o contrário do intervencionismo militar. Foram os democratas bolivianos que admi-
tiram a intervenção das tropas ianques, sob pretexto de combate

ao tráfico de drogas; o mesmo pretexto foi usado para o bloqueio naval da Colômbia (e para o ulterior "Plano Colômbia", depois "Plano Patriota"); foi reforçado o cerco militar sobre Cuba, e invadida a ilha de Granada; foi militarizada a América Central, através da "contra" nicaraguense, do envio de tropas a Honduras e El Salvador e, caso extremo mas exemplar, foi invadido o Panamá... para impor um governo "democrático", resultante de "eleições". Definiu-se a política dos EUA, então, como "Guerra (ou Conflito) de Baixa Intensidade" (GBI), o que foi unilateral, toda vez que a política ianque consistiu em combinar a manobra democratizante com o velho *big stick*.

Em 1985, o governo britânico concedeu aos habitantes das Falklands o direito à autodeterminação; levando em conta que estes queriam ser britânicos, não pareceu que isso significasse grande coisa. Em 1990, sob o governo do peronista Carlos Saúl Menem, foram restabelecidas as relações diplomáticas entre a Argentina e a Inglaterra, depois dos "Acordos de Madri" de 1989. Em 1999, foi retirada do aeroporto de Buenos Aires a placa "*Las Malvinas son Nuestras*". Voltaram também a realizar-se voos regulares entre a Argentina e Puerto Argentino/Port Stanley. No caso das informações classificadas nas mãos do Estado britânico acerca da guerra das Malvinas, uma vez finalizado o conflito, o governo desse país decretou que sua publicação somente poderia realizar-se no ano 2082. Altura em que, provavelmente, até os netos dos responsáveis pelas atrocidades cometidas pelas tropas inglesas durante a guerra, e pelas propostas de uso de força nuclear contra cidades da Argentina, estariam sete palmos embaixo da terra.

# 12. Da Realidade Histórica à Atualidade Política

A guerra e a derrota militar determinaram a queda da ditadura militar argentina? Na verdade, apenas a aceleraram: a ditadura tinha perdido completamente seus pontos de apoio internacionais e, ao mesmo tempo, enfrentava uma oposição militante de massas no seu próprio país. Era, por isso, um regime sustentado no vazio, com os dias contados. Nos dias anteriores à guerra, *Política Obrera* sintetizou:

> La dictadura tiene ante sí dos alternativas: o consigue insertar la ocupación de las Malvinas en un acuerdo con el imperialismo, o se decide a pelear. En estos dos casos su dislocamiento interno se hace inaplazable: en el primero, porque su desprestigio entre las masas y los sectores patrióticos se hace brutal, conjugándose con toda la impasse del régimen; en el segundo, porque se rompe su frente interno con el gran capital.

Continentalmente, a guerra das Malvinas, com a derrota da Argentina e a vitória da Inglaterra (apoiada pela Europa e, sobretudo, pelos EUA), determinou em grande parte a forma que adotou a crise das ditaduras da América do Sul, que se resolveu através de uma saída pactuada com os próprios militares, sob vigilância política mais ou menos direta dos EUA.

As relações diplomáticas entre a Argentina e o Reino Unido foram precariamente estabilizadas em outubro de 1989, através dos Acordos de Madri, negociados entre o governo Thatcher e o de Raúl Alfonsín, com seu chanceler Dante Caputo, mas assinados pelo governo de Carlos S. Menem (que assumiu antecipadamente em julho de 1989) e seu ministro de Relações Externas, o onipresente economista Domingo Cavallo (ex-alto funcionário da ditadura militar, depois pluriministro do governo peronista, e finalmente superministro do governo radical-aliancista de De La Rua, em 2001), o protótipo do homem para todo lugar e circunstância. Os Acordos qualificam a questão Falkland/Malvinas como um diferendo territorial entre os países litigantes, constituindo, portanto, um retrocesso (para a Argentina) em relação às resoluções da ONU desde 1965, que a qualificam como problema colonial.

Quase vinte anos depois da guerra, em 2001, o primeiro-ministro britânico Tony Blair foi o primeiro a visitar a Argentina desde a guerra. No 22º aniversário da guerra, o presidente Néstor Kirchner, da Argentina, insistiu em que as ilhas seriam parte do território argentino. O governo argentino pediu aos empresários do país que não importassem produtos do Reino Unido, substituindo os itens britânicos por similares de outras procedências. O governo inglês passou a afirmar a soberania no arquipélago com constantes exercícios militares e intercâmbio de civis britânicos na região.

Apesar disso, em março de 2012, em matéria paga, a flor e a nata da intelectualidade "progressista" argentina (dezessete intelectuais, entre os quais Beatriz Sarlo, Luis Alberto Romero, Abel Posse) reivindicou que os habitantes das Malvinas (três mil...) se tornassem "sujeitos de direito", ou seja, se autodeterminassem (decidindo, de passagem, o próprio destino das ilhas). Os *kelpers*, porém, já se tinham pronunciado unanimemente favoráveis ao vínculo com a Inglaterra, inclusive antes que a possibilidade de uma monumental renda fiscal petroleira aparecesse diante de seus olhos, baseada em 9% do faturamento e 26% dos lucros das companhias inglesas já instaladas no arquipélago. O nível de vida dos *kelpers*-ingleses (US$ 60 mil dólares anuais de renda *per capita* média) não guarda relação, é incomparavelmente mais elevado do que o seu equivalente de qualquer povo latino-americano.

No 30º aniversário da ocupação argentina (2 de abril, aniversário da ocupação argentina das ilhas, foi declarado "Dia do Veterano e dos Caídos na Guerra de Malvinas", declarado feriado nacional), o governo argentino realizou um ato reivindicando a soberania sobre as ilhas na Patagônia. Cristina Fernández de Kirchner, porém, repudiou a guerra levada adiante em abril-junho de 2012. Diversos partidos e frentes políticas, nacionalistas ou de esquerda, realizaram em Buenos Aires atos separados, com conteúdo político diverso, a 2 de abril de 2012 nas proximidades da embaixada britânica. As manifestações mais violentas contra a representação consular da Inglaterra foram repudiadas pelo governo argentino. A "unanimidade nacional" em torno das Malvinas, como cimento da "identidade nacional argentina", não passa de uma ilusão que se desfaz a cada ocasião em que o tema volta à baila.

Os *kelpers*, por sua vez, fizeram um ato público para comemorar a vitória inglesa de 1982, na mesma data, em Port Stanley. A argumentação inglesa é que eles têm direito à autodeterminação por serem uma população assentada desde há mais de um século, e que foram vítimas de uma ocupação militar em 1982. As pessoas nascidas nas Ilhas Malvinas são, agora, uma minoria absoluta na população local. Antes de 1982, os insulares não tinham cidadania britânica, eram cidadãos ingleses de segunda categoria. A cidadania plena lhes foi concedida em 1983. Em 1985 se lhes deu autonomia por meio do Falkland Islands Government, formado por um Conselho de oito pessoas, incluindo o governador, vinculado a Londres. Com a cidadania inglesa acederam de forma automática à cidadania da União Europeia. A maioria dos jovens "autóctones" pôde partir, e atualmente vive fora das Ilhas. A população civil local diminuiu, provocando um despovoamento das ilhas.

A Grã-Bretanha introduziu grande quantidade de imigrantes desde 1992: nativos ingleses, europeus e de outras posses coloniais e territórios de ultramar, do Commonwealth e até da América Latina. Em 2010 os oriundos das ilhas passaram a ser absoluta minoria. Nas bases das Geórgias e Sandwich do Sul vivem só os militares e os cientistas da British Antarctic Survey, todos temporários e recentemente implantados, e quase todos militares. As Ilhas Geórgias constituem o ponto de apoio para a reivindicação britânica de direitos sobre a Antártica. As ilhas Malvinas, Geórgias e Sandwich do Sul passaram a ser denominadas "novos territórios de ultramar", portanto europeus. Este *status*, reconhecido pela Constituição Europeia, transformada no Tratado de Lisboa, lhes foi outorgado, silenciosa e secretamente, pela Inglaterra em 1985, quando o arquipélago foi dividido. A Inglaterra mantém operantes as bases militares de Gibraltar, Chipre, Ascensão e Malvinas; agora acrescidas das Geórgias, Sandwich do Sul e Diego García. Estas bases, junto às do Canadá, Quênia e Brunei, servem de base e suporte logístico para a presença militar britânica ao redor do mundo.

Nesse quadro, as declarações sul-americanas de solidariedade com a Argentina continuaram abundantes, mas não passaram disso, declarações. Mais importante do que essa retórica foi o pronunciamento da União Europeia (UE) em apoio à Grã-Bretanha, ratificando a soberania sobre Malvinas *da própria UE*, que o Reino Unido integra. A presidência argentina reagiu lembrando que neste século existem só dezesseis casos de colônias cujo destino está sendo discutido pelas Nações Unidas: dez são do Reino Unido, entre eles as Ilhas Malvinas. Mas o Reino Unido nunca aceitou sentar-se para negociar. A alegação para a negativa, nos últimos 30 anos, foi a guerra de 1982.

A Grã-Bretanha, de posse das Malvinas trinta anos depois da guerra, precisa, porém, de um acesso ao território continental argentino por necessidades de logística e de segurança. Já há importantes investimentos petrolíferos ingleses e norte-americanos na área das Malvinas. Uma companhia norte-americana com vínculos com o Pentágono e a companhia britânica Rockhopper descobriram reservas de combustíveis fósseis na "Zona Econômica Exclusiva" que rodeia as ilhas. Bilhões serão gastos na exploração dessas jazidas. Companhias petrolíferas como Hess, Noble e Murphy (EUA), Cairn Energy, Premier Oil (Grã-Bretanha) e o sócio da British Petroleum na plataforma Deepwater Horizon, Anadarko Oil, de Houston, estão na região.

Em Londres, um relatório extraoficial afirmou em 2012 que o Reino Unido teria dificuldades para defender e recuperar as ilhas Malvinas se a Argentina decidisse ocupá-las outra vez pela força. Elaborado pela Associação para a Defesa Nacional do Reino Unido (UKNDA), o estudo indicou que as ilhas do Atlântico Sul estariam em situação mais vulnerável do que ao final do conflito armado de 1982. O próprio comandante das forças terrestres britânicas durante a guerra de 1982, Julian Thompson, em entrevista ao *The Times*, afirmou que o Reino Unido correria o risco de perder as ilhas por causa de cortes no orçamento de defesa que deixaram vulnerável a base aérea no local. O governo inglês (do conservador David Cameron) respondeu: "As pessoas deveriam estar tranquilas, pelos planos de contingência que temos agora em comparação com os que tínhamos há 30 anos. Além disso, não há provas de que haja atualmente uma ameaça militar contra as Falklands".

Philip Hammond, ministro de Defesa do Reino Unido, deixou claro em 2012 que a Inglaterra não cogitava abandonar sua soberania sobre as ilhas. No quadro da crise econômica, a disputa inglesa sobre "a defesa das Falklands" é uma luta intestina por fatias do minguado orçamento do governo inglês (incomparavelmente maior, ainda assim, que o orçamento argentino). A Argentina, por sua vez, é o único país da América do Sul que destina menos de 1% do seu PIB a gastos com defesa, ou seja, carece de opções militares diante da Inglaterra (sem falar diante de Europa e dos EUA).

Nas últimas três décadas se instalou, na região do Atlântico Sul lindante com a Argentina, um poder político, econômico (petróleo e pesca) e militar muito importante, exercendo uma pressão forte sobre a Argentina, pela necessidade desse poder de acessar o território argentino, que é o mais próximo, para desenvolver suas atividades. A questão das Malvinas voltou a se transformar em um dos problemas políticos mais sérios para a Argentina. A Inglaterra pôs no tapete diplomático um acordo explícito com a Argentina sobre a exploração do petróleo no Atlântico Sul, como condição para iniciar discussões sobre a soberania. Os fóruns mundiais, a ONU, já demonstraram ser impotentes a respeito; os fóruns americanos, a OEA, não concernem à Inglaterra. O bloqueio aéreo às Malvinas (que isolaria o arquipélago tanto do acesso de pessoas como do abastecimento de produtos), que a Argentina alegou ter obtido dos países do Mercosul, é uma ficção, porque não afeta os navios fretados pela Inglaterra. O abastecimento das Malvinas se realiza, basicamente, diretamente de Londres.

O governo argentino "nacionalizou" 51% do capital acionário da YPF (Yacimientos Petrolíferos Fiscales), empresa de petróleo (que já foi 100% estatal) nas mãos do capital espanhol (Repsol, antiga proprietária das ações "nacionalizadas", que se beneficiou da privatização da YPF realizada pelo governo Menem). Na América Latina, a crise econômica mundial iniciada em 2008 começou a desenhar fortes confrontos nacionais, como no caso da Argentina, que se viu afetada por um forte déficit comercial devido à importação crescente de energia, que levou à "nacionalização" mencionada. A pretensão do governo argentino de seguir o modelo da Petrobrás, cujo capital se encontra em mãos privadas em 52% do valor acionário, mostra os limites capitalistas desse enfrentamento, sem falar do ressarcimento que o Estado argentino deveria reclamar pelas condições fraudulentas que rodearam a entrega da YPF à Repsol, na década de 1990.

A expropriação parcial da YPF foi uma medida de crise imposta pelo esvaziamento da indústria petrolífera, que alcançou nos últimos anos uma dimensão nunca vista e que contou com a cumplicidade dos governos nacionais e provinciais. A impossibilidade de pagar uma fatura por importações de combustíveis de mais de US$ 12 bilhões, em um quadro de fuga de capitais e escassez de dólares, empurrou o governo argentino para essa expropriação parcial, buscando, com a arrecadação da YPF, financiar, ao menos em parte, essa cifra. A lei de nacionalização estabeleceu que a YPF continuaria sendo uma sociedade anônima, cotada na Bolsa, submetida à orientação dos acionistas privados. A expropriação onerosa se limitou a 51% da YPF, uma empresa que controla só 34% do negócio petroleiro argentino.

Néstor e Cristina Kirchner foram participantes da privatização e alienação dos hidrocarbonetos na década de 1990, junto com Carlos Menem e a UCR. Desde 2003 sustentaram todo o arcabouço petroleiro "neoliberal", que resgataram com fundos públicos. Controlar a maioria acionária da YPF é um instrumento para realizar negócios com capitais externos, como afirmou claramente o artigo 17 da lei. E, principalmente, para colocar uma negociação internacional (com o Estado e as empresas inglesas) a respeito da exploração do petróleo das Malvinas. É uma "recuperação da soberania petrolífera" sobre a base de uma proposta privatizadora.

A ação sobre a YPF deixou em pé o conjunto da estrutura privada do setor petroleiro argentino, em mãos de grandes grupos internacionais. British Petroleum, Panamerican e Shell, empresas de ou com participação de capitais ingleses, continuam ativos e até ampliando sua operação em território argentino. A presidenta Cristina Kirchner deixou claro que a expropriação parcial em termos privatistas indicou o desejo de relançar a licitação petroleira internacional nas águas do Atlântico Sul e para as jazidas de gás, os objetivos mais cobiçados pelo capital internacional. A British Petroleum foi habilitada a explorar uma jazida no sul do país até o ano 2047. A crise energética da Argentina a deixou dependente dos hidrocarbonetos do Catar, uma praça forte do capital petroleiro internacional.

A presença militar britânica no Atlântico Sul foi criticada pelos governos da região. Em 2010, o então presidente do Brasil, Luiz Inácio Lula da Silva, assinou uma declaração ao lado da presidente da Argentina, em que o Brasil se compromete a reconhecer que não só as Ilhas Malvinas, mas também Geórgias do Sul e Sandwich do Sul, são territórios da Argentina. A Unasul (União de Nações Sul-americanas) expressou seu rechaço contra o deslocamento da fragata inglesa Montrose para o Atlântico Sul por um período de seis meses e advertiu que essa medida "é contrária à política da região de defesa da busca de uma solução pacífica do conflito" entre o Reino Unido e a Argentina.

Houve também pronunciamentos das cúpulas de presidentes dos estados membros do Mercosul, da Comunidade de Estados Latino-americanos e Caribenhos (Celac) e da Cúpula Ibero-americana. Também se manifestaram a favor da retomada das negociações a Cúpula de Países Sul-americanos e Países Árabes (ASPA), a Cúpula de Países Sul-americanos e Africanos (ASA) e o Grupo dos 77, mais China. O Chile decidiu também "não reconhecer" navios com bandeira das Malvinas. Em reunião celebrada em janeiro de 2012, os governos do Uruguai e do Brasil anunciaram estar trabalhando "para convocar uma conferência da Zona de Paz e Cooperação do Atlântico Sul, que reuniria países sul-americanos e africanos com costa atlântica".

Outros exemplos semelhantes poderiam ser dados, declarações é o que não falta. Nos fóruns que contam, porém, nada acontece. Na Cúpula das Américas reunindo 33 países do continente (mas não Cuba), realizada em Bogotá em abril de 2012, a pressão argentina não foi suficiente para obter um simples pronunciamento do conclave dos presidentes em favor da soberania argentina sobre as ilhas, o que motivou a volta à casa da presidente argentina, antes que a reunião terminasse...

A propalada solidariedade sul-americana com a Argentina é puramente diplomática. A proibição de que navios ingleses com destino às Malvinas não pudessem recalar nos países do Mercosul só vale para aqueles *com bandeira das Malvinas*, segundo esclareceu o presidente uruguaio Mujica. Os navios ingleses com destino às Malvinas (mas sem a bandeira colonial) continuam fazendo escala sem problemas nos países do Mercosul. Não existe nenhum "bloqueio" das Malvinas comparável, por exemplo, àquele que os EUA realizam contra Cuba. Ginés García, embaixador argentino no Chile, deixou isso bem claro em 2012: "Não há bloqueio [das Malvinas] nem nada parecido".

Não existe nenhuma possibilidade de conflito armado, porque as forças armadas argentinas não têm condições de levá-lo adiante. O governo de Cristina Kirchner anunciou que liberaria o Informe Rattenbach, mantido em segredo desde 1982, que culpou a cúpula das Forças Armadas argentinas por graves erros de conduta militar, chegando, como vimos, a pedir a condenação dos responsáveis pela deflagração e condução da guerra com penas de prisão perpétua e de morte. Galtieri e outros responsáveis, porém, morreram nos anos sucessivos ao informe sem que nenhuma sentença fosse executada.

A Argentina reclamou da Inglaterra "negociações diplomáticas" sobre as Malvinas, ou seja, concessões recíprocas, que contemplem uma transferência de soberania sem que importe o prazo. Para o governo argentino, as atividades realizadas pela Inglaterra na região são contrárias às resoluções da ONU, pois compreendem a exploração, contrária ao direito internacional, dos recursos naturais renováveis e não renováveis da área, e a realização de exercícios militares, incluindo o lançamento de mísseis desde as Ilhas Malvinas. Não obstante, o governo argentino reitera sua "permanente e sincera disposição de retomar o processo de negociações bilaterais com o Reino Unido, tal como reclama a comunidade internacional, para achar uma solução pacífica e definitiva para a disputa de soberania e pôr fim, deste modo, a uma situação anacrônica, incompatível com a evolução do atual mundo pós-colonial". O que isto significa ficou claro na declaração da embaixadora argentina no Reino Unido, Alicia Castro, em maio de 2012, no sentido de que a Argentina está disposta a modificar a Constituição Nacional para chegar a um acordo aceitável para Inglaterra sobre as Malvinas:

> Cuando hay negociaciones y se firman tratados internacionales, los países involucrados modifican su legislación doméstica para incorporarlos. La Argentina está dispuesta a hacerlo.

Ou seja, o governo de Cristina Kirchner declarou sua disposição de abandonar um posicionamento de quase dois séculos do Estado argentino em defesa da soberania nacional no Atlântico Sul.

O mundo está passando por uma fase de guerras internacionais crescentes, que alteram o mapa político, incluindo a possibilidade de revoluções sociais vitoriosas. A questão Malvinas não pode ser separada desse contexto, como tampouco foi em 1982. A presença do destróier HMS Dauntless, um dos mais modernos e potentes porta-aviões da marinha real, e de um submarino nuclear carregado com os potentes mísseis Tomahawk, constitui ameaça objetiva a todos os países da região. As estimativas sobre as reservas de petróleo malvinense variam bastante, mas convergem em apontar que as Malvinas poderiam ser a quinta potência petroleira das três Américas, com uma produção potencial de 10% do petróleo cru dos continentes americanos, incluídas as fabulosas reservas venezuelanas do Orinoco. A Falkland Oil, uma das companhias em operação no arquipélago, fez uma emissão recorde de ações na Bolsa de Londres, apostando na implantação de poços de águas profundas na zona. As reservas de petróleo na zona das ilhas quadruplicariam as reservas da Argentina no continente; as Malvinas e sua bacia marítima foram definidas como "um Golfo Pérsico austral".

*Port Stanley (Puerto Argentino) em 2003.*

A América do Sul se perfila assim como novo cenário da disputa mundial pelos recursos naturais, cenário que envolve tanto as potências mundiais quanto os países da região. O conflito pelas Malvinas não se restringe ao âmbito limitado de uma região do Atlântico Sul, ou a uma reivindicação territorial de um país só, mas implica um cenário continental. E também mundial, pois o Reino Unido faz da ocupação das Malvinas uma base para as operações da OTAN na região. Os sinos malvinenses, portanto, não dobram apenas para a Argentina, mas para toda a América Latina.

# Cronologia da Crise e da Guerra

* 2 de abril – Tropas argentinas invadem as Ilhas Malvinas sob ordens do general-presidente Leopoldo Galtieri.
* 3 de abril – O general Mario Benjamín Menéndez é nomeado Governador Militar das Ilhas Malvinas. O Conselho da Segurança da ONU aprova a Resolução 502 por 10 votos a 1 (com 4 abstenções) que exige a retirada argentina das ilhas e o início das negociações. A Inglaterra manda tropas para as ilhas (Task Force).
* 4 de abril – Tropas argentinas ocupam Goose Green e Darwin.
* 5 de abril – O Peru declara sua posição em favor da Argentina.
* 7 de abril – Reagan aprova a missão de paz de Haig.
* 8 de abril – A Argentina inicia uma ponte aérea sobre as ilhas Malvinas.
* 11 de abril – O Papa João Paulo II exorta ambos os países a evitar a guerra.
* 22 de abril – Navios de guerra britânicos chegam às ilhas.
* 25 de abril – A primeira-ministra Margareth Thatcher conclama a Inglaterra a celebrar retomada da ilha de Geórgia do Sul por forças britânicas. O tenente de navio Alfredo Astiz firma a rendição argentina nas ilhas.
* 1 de maio – Aviões britânicos atacam o campo de aviação argentina em Port Stanley/Puerto Argentino.
* 3 de maio – Submarino britânico HMS Conqueror ataca o cruzador General Belgrano e mata 323 argentinos.

* 4 de maio – Míssil argentino atinge o destróier HMS Sheffield e mata 22 britânicos.
* 5 de maio – A Argentina condena o apoio dos Estados Unidos à Grã--Bretanha.
* 11 de maio – O navio Isla de los Estados é afundado pelo HMS Alacity.
* 12 de maio – São enviados às ilhas três mil soldados ingleses.
* 14 de maio – Onze aviões argentinos são destruídos na terra por um ataque inglês nas ilhas.
* 15 de maio – Barcos ingleses bombardeiam Puerto Calderón, destruindo dez aviões argentinos.
* 16 de maio – A Ilha Soledad é bombardeada pelos britânicos.
* 20 de maio – Fracassam as negociações de paz da ONU.
* 21 de maio – Ataque a navio britânico HMS Ardent mata 22 soldados ingleses.
* 23 de maio – HMS Antelope é atacado e afundado.
* 24 de maio – Sete aeronaves argentinas são destruídas.
* 25 de maio – Destróier britânico HMS Coventry bombardeado com 20 mortes.
* 28 de maio – Confrontos pelo controle de Goose Green causam a morte de 150 argentinos e 18 britânicos.
* 8 de junho – Pelo menos 200 soldados britânicos morrem durante bombardeio argentino contra os navios Sir Galahad e Sir Tristram.
* 11 de junho – Papa João Paulo II chega à Argentina para reclamar o fim das hostilidades.
* 13 de junho – Batalha de Tumbledown, Wireless Ridge e Mount William.
* 14 de junho – Forças britânicas ocupam Port Stanley. O general Mario Benjamín Menéndez se rende ao general de divisão Jeremy Moore. Fim da guerra das Malvinas.
* 17 de junho – O general Galtieri renuncia à presidência da Argentina.
* 19 de junho – O Reino Unido anuncia que 11 845 soldados argentinos foram capturados.
* 20 de junho – Decretado o fim da guerra.
* 24 de junho – Margareth Thatcher visita Reagan em Washington.

# Bibliografia

¿Colonialismo o imperialismo?, *Política Obrera* n. 329, Buenos Aires, 9 de maio de 1982.

¿Porqué Moscú es neutral? *Clarín*, Buenos Aires, 6 de abril de 1982.

ALDOUS, Richard. *Reagan e Thatcher. Uma Relação Difícil*. Rio de Janeiro, Record, 2012.

ALDRICH, Robert; CONNELL, John. *The Last Colonies*. New York–London, Cambridge University Press, 1998.

ALMEIDA, Juan Lucio. Antonio Rivero, El Gaucho de las Malvinas. *Todo es Historia* n. 20. Buenos Aires, 1966.

_____. *Qué Hizo el Gaucho Rivero en Malvinas*. Buenos Aires, Plus Ultra, 1972.

ALTAMIRA, Jorge. Entrevista sobre Malvinas. *Jornal do Sedufsm*. Santa Maria, fevereiro de 2012.

_____. Malvinas, un asunto fiscal. *Prensa Obrera* n. 1120. Buenos Aires, 2 de fevereiro de 2012.

_____. Repensando Malvinas. *Prensa Obrera* n. 1213. Buenos Aires, 8 de março de 2012

_____. Un relato pseudoliberal sobre Malvinas. *Prensa Obrera* n. 1212. Buenos Aires, 1º de março de 2012.

Amato, Alberto. El Helicóptero Inglés que Cayó en Chile. *Clarín*. Buenos Aires, 21 de maio de 2007.

_____. El informe Rattenbach, adulterado. *Clarín*. Buenos Aires, 7 de abril de 2007.

_____. La batalla que decidió la guerra de Malvinas. *Clarín*. Buenos Aires, 20 de maio de 2007.

_____. Reagan a Thatcher: "No seremos neutrales si Argentina usa la fuerza". *Clarín*. Buenos Aires, 1º de abril de 2012.

Anderson, Duncan. *The Falklands War 1982*. Osprey, Elms Court, 2002.

Ante la batalla de Puerto Argentino. *Política Obrera* n. 330. Buenos Aires, 12 de junho de 1982.

Anticolonialistas de palabra, proimperialistas de hecho. *Política Obrera* n. 329. Buenos Aires, 9 de mayo de 1982.

Argentina and the Falklands. *The Economist*. London, 7 de abril de 2007.

Argentina demands UK nuke apology. *CNN News*. New York, 7 de dezembro de 2003.

Arnaud, Vicente G. *Las Islas Malvinas*. Academia Nacional de Geografía, *Publicación Especial* n. 13. Buenos Aires, 2000.

Ball, John et al. *Una Cara de la Moneda*. Buenos Aires, Hyspamérica, 1983.

Balza, Martín. *Malvinas: Gesta e Incompetencia*. Buenos Aires, Atlántida, 2003.

Barnett, Anthony. *Iron Britannia. Why Parliament waged its Falklands war*. London, Allison & Busby, 1982.

Beck, Peter J. The Anglo-Argentine Dispute Over Title to the Falkland Islands: Changing British Perceptions on Sovereignty since 1910. *Millennium Journal of International Studies* n. 12. London, 1983.

_____. *The Falkland Islands. Dispute as an international problem*. London, Routledge, 1988.

Bernal, Federico. La Arabia más Austral del Mundo. *Le Monde Diplomatique/Dipló*, Buenos Aires, abril de 2009.

_____. *Malvinas y Petróleo. Una historia de piratas*. Buenos Aires, Capital Intelectual, 2011.

Bertaccini, Rina. Malvinas en el contexto geoestratégico regional. *América Latina en Movimiento* n. 474, Quito, abril de 2012.

Bicheno, Hugh. *Razor's Edge. The Unofficial History of the Falklands War*. London, Weidenfeld & Nicolson, 2006.

Blair, Tony. La Soberanía de Malvinas no es Negociable. *Clarín*. Buenos Aires, 6 de novembro de 1998.

Boaventura, Jorge. Uma nova OEA? *Folha de S. Paulo*, 10 de julho de 1982.

BOIKO, Pavel. Ascenso da Luta Anti-imperialista. In: GONTCHAROV, Andrei (ed.). *A Crise das Malvinas (Falclanda). Causas e Consequências.* Moscou, Academia de Ciências da URSS, 1984.

BONNET, Alberto. La Izquierda Argentina y la Guerra de las Malvinas. *Razón y Revolución* n. 3. Buenos Aires, inverno de 1997.

BORÓN, Atilio; FAÚNDEZ, Julio (eds.). *Malvinas Hoy. Herencia de un Conflicto.* Buenos Aires, Puntosur, 1989.

BOUGAINVILLE, Louis A. *Viaje Alrededor del Mundo. Por la fragata del rey la Boudeuse y la fusta la Estrella en 1767, 1768 y 1769.* Madrid, Espasa Calpe, 1966.

BOUND, Graham. *Falklands Islanders at War.* London, Pen & Sword, 2002.

BOUZAS, Roberto; RUSSELL, Roberto. *Estados Unidos y la Transición Argentina.* Buenos Aires, Legasa, 1989.

BRAMLEY, Vincent. Los Crímenes de la Guerra. *Clarín.* Buenos Aires, 14 de junho de 1992.

Brasil ajudou a traficar armas durante Guerra das Malvinas. *Jornal do Brasil.* Rio de Janeiro, 23 de abril de 2012.

BROWN, David. *The Royal Navy and the Falklands War.* London, Leo Cooper, 1987.

BRUTENTS, Karen. Conflito no Atlântico Sul: Consequências e Lições. In: GONTCHAROV, Andrei (ed.). *A Crise das Malvinas (Falclanda). Causas e Consequências.* Moscou, Academia de Ciências da URSS, 1984.

BUNGE, Alejandro. *Una Nueva Argentina.* Buenos Aires, Hyspamérica, 1984.

BURNS MARAÑÓN, Jimmy. *La Tierra que Perdió sus Héroes. La Guerra de Malvinas y la Transición Democrática en Argentina.* Buenos Aires, Fondo de Cultura Económica, 1992.

BÜSSER, Carlos. *Malvinas. La Guerra Inconclusa.* Buenos Aires, Fernández Reguera, 1987.

CAFASSI, Emilio. Las Malvinas Malparieron una Base Militar. *América Latina en Movimiento.* Quito, 15 de abril de 2012.

CAILLET-BOIS, Ricardo. *Una Tierra Argentina: las Islas Malvinas.* Buenos Aires, Academia Nacional de Historia, 1982.

CALLONI, Stella. *Operación Condor, Pacto Criminal.* La Habana, Editorial de Ciencias Sociales, 2006

CALVERT, Peter. *The Falklands Crisis. The Rights and the Wrongs.* London, Frances Pinter, 1982.

CAMERON, David (entrevista). Se buscó robar la libertad de los isleños. *La Nación.* Buenos Aires, 2 de abril de 2012.

CAMILIÓN, Oscar. *Memorias Políticas.* Buenos Aires, Planeta, 1999.

CANCLINI, Arnoldo. John Onslow, el marino que tomó Malvinas. *Todo es Historia* n. 489, Buenos Aires, abril de 2008.

_____. *Malvinas, su Historia en Historias*. Buenos Aires, Planeta, 2000.

CARBAJAL, Marina. *Malvinas*. Resultados de la política exterior argentina en el período 1983-1989. Buenos Aires, Universidad Torcuato Di Tella, 1997.

CARDOSO, Oscar R.; KISCHBAUM, Ricardo; VAN DER KOOY, Eduardo. *Malvinas*. La trama secreta. Buenos Aires, Planeta, 1992.

CASTAÑEDA, Jorge. The Substance Beyond the Scandal. *Time*. New York, 7 de maio de 2012.

CHEINBAUM, Lina. Fontes do Conflito das Malvinas. In: GONTCHAROV, Andrei (ed.). *A Crise das Malvinas (Falclanda). Causas e Consequências*. Moscou, Academia de Ciências da URSS, 1984.

COGGIOLA, Osvaldo. *De Perón a Alfonsín*. São Paulo, Quilombo, 1986.

_____. *Governos Militares na América Latina*. São Paulo, Contexto, 2001.

_____. *História do Movimento Operário Argentino*. São Paulo, Xamã, 1998.

_____. O Militarismo na América Latina. *Estudos* n. 1. São Paulo, FFLCH/USP, junho de 1986.

COLLIER, Simon; SATER, William. *A History of Chile, 1808-1994*. New York, Cambridge University Press, 1997.

Consejo Argentino para las Relaciones Internacionales. *Malvinas, Georgias y Sandwich del Sur*. Diplomacia argentina en las Naciones Unidas 1945--1981. Buenos Aires, CARI, 1983.

COOKSEY, Jon. *Mount Longdon: The Bloodiest Battle*. London, Pen & Sword, 1987.

COROMINAS, Enrique V. *Como Defendí Malvinas*. Buenos Aires, El Ateneo, 1950.

COSTA MÉNDEZ, Nicanor. *Malvinas: Esta es la Historia*. Buenos Aires, Sudamericana, 1993.

CRESPO, Juan Carlos. En Londres Diseñan la Futura Soberanía de Malvinas. *Prensa Obrera* n. 1216. Buenos Aires, março de 2012.

CROSS, John. *Gurkhas at War*. In their own words. London, Greenhill Books, 2002.

DALYELL, Tam. *One Man's Falklands*. London, Cecil Woolf, 1982.

_____. *Thatcher's Torpedo*. London, Cecil Woolf, 1983.

DANCHEV, Alex. *International Perspectives on the Falkland Conflict*. New York, St. Martin's Press, 1992.

DEL CARRIL, Bonifacio. *La Cuestión de las Malvinas*. Buenos Aires, Hyspamérica, 1986.

Departamento de Estado dos EUA/Bureau de Assuntos Públicos. Democracia na América Latina e no Caribe. A Promessa e o Desafio. *Relatório Especial* n. 158. Washington DC, março 1987.

DESTEFANI, Lauro H. *Malvinas, Georgias y Sandwich del Sur. Ante el conflicto con Gran Bretaña.* Buenos Aires, Edipress, 1982.

DOBRY, Renán. *Los Rabinos de Malvinas.* Buenos Aires, Vergara, 2012.

DOS SANTOS, Mario. La Dictadura Brasileña con el Amo del Norte. *Política Obrera* n. 329. Buenos Aires, 9 de maio de 1982.

EDDY, Paul; LINKLATER, Magnus; GILLMAN, Peter. *The Falklands War. The full story.* London, Sphere Books, 1982.

El Papa viene a acabar el trabajo de la flota británica. *Política Obrera* n. 330, Buenos Aires, 12 de junho de 1982.

ENGLISH, Adrian; WATTS, Anthony. *Battle for the Falklands.* London, Osprey, 1982.

ESCUDÉ, Carlos. Gestos y Caricaturas. *La Nación.* Buenos Aires, 2 de abril de 2009.

_____. *La Argentina vs. las Grandes Potencias. El Precio del Desafío.* Buenos Aires, Editorial de Belgrano, 1986.

_____; WILLIAMS, Cristóbal. El Conflicto del Beagle: la Razón y las Pasiones. *Todo es Historia* n. 202. Buenos Aires, fevereiro de 1984.

ESCUDERO, Lucrecia. *Malvinas: el Gran Relato. Fuentes y Rumores en la Información de Guerra.* Buenos Aires, Gedisa, 1987.

ESTEBAN, Edgardo. *Iluminados por el Fuego.* Buenos Aires, Biblos, 2012.

_____. *Malvinas, Diario del Regreso.* Havana, Arte y Literatura, 2010.

FAVA, Athos. *Malvinas. Batalla por una nueva Argentina.* Buenos Aires, Fundamentos, 1982.

FEMENIA, Nora. *National Identity in Times of Crises. The Scripts of the Falklands-Malvinas war.* New York, New Science, 1996.

FERNS, Harry S. *Gran Bretaña y Argentina en el Siglo XIX.* Buenos Aires, Solar/Hachette, 1979.

FERRER VIEYRA, Enrique. *Segunda Cronología Legal Anotada sobre las Islas Malvinas.* Córdoba, Biffignandi, 1993.

FERRER, Aldo. *La Posguerra.* Buenos Aires, El Cid, 1982.

FESQUET, Silvia (ed.) Malvinas: 30 años, 30 historias. *Clarín.* Buenos Aires, 1º de abril de 2012.

FIERRO, Ricardo. Tres Hechos que Cambiaron la Guerra de Malvinas. *Hoy* n. 1412, Buenos Aires, 28 de março de 2012.

FITTE, Ernesto J. *La Disputa con la Gran Bretaña por las Islas del Atlántico Sur.* Buenos Aires, Emecé, 1968.

FORD, Aníbal. Darwin, Fitz Roy y la Política Inglesa. *Todo es Historia* n. 202. Buenos Aires, fevereiro de 1984.

FOREMAN, Amanda. The new Thatcher era. *Newsweek.* New York, 26 de dezembro de 2011.

FREEDMAN, Lawrence. *Official History of the Falklands Campaign*. London, Frank Cass, 2005.

_____; GAMBA-STONEHOUSE, Virginia. *Signals of War. The Falklands Conflict of 1982*. New York, Princeton University Press, 1991.

FREGEIRO, C. L. *Lecciones de Historia Argentina*. Buenos Aires, Rivadavia, 1905.

GAMBINI, Hugo. *Crónica Documental de las Malvinas*. Buenos Aires, Redacción, 1982.

GARCIA DEL SOLAR, Lucio. Para recuperar Malvinas, jamás se debió abandonar la vía pacífica. *Clarín*. Buenos Aires, 2 de abril de 2007.

GARCÍA LUPO, Rogelio. *Diplomacia Secreta y Rendición Incondicional*. Buenos Aires, Legasa, 1983.

GARCÍA, José Luis; BRUZZONE, Elsa. Malvinas: aportes políticos y estratégicos para su consideración. *América Latina en Movimiento*. Quito, 18 de maio de 2012.

GAVSHON, Arthur; RICE, Desmond. *The Sinking of the Belgrano*. London, Secker & Warburg, 1984.

GIL MUNILLA, Octavio. *Malvinas: el Conflicto Anglo-Español de 1770*. Sevilla, Escuela de Estudios Hispano-Americanos, 1948.

GOEBEL, Julius. *The Struggle for the Falkland Islands. A Study in Legal and Diplomatic History*. New Heaven, Yale University Press, 1982.

GOSMAN, Eleonora. La Preocupación de Brasil por el rol Soviético en la Guerra. *Clarín*. Buenos Aires, 2 de abril de 2012.

GRANOVSKY, Martín. La Semana Santa de 1987. *Página 12*. Buenos Aires, 8 de abril de 2012.

GREIG, D.W. Sovereignty and the Falkland Islands Crisis. *Australian Year Book of International Law*, Vol. 8 (1983).

GRIGULEVITCH, Iossif. O papa João Paulo II e a Crise das Malvinas. In: GONTCHAROV, Andrei (ed.). *A Crise das Malvinas (Falclanda). Causas e Consequências*. Moscou, Academia de Ciências da URSS, 1984.

GROUSSAC, Paul. *Las Islas Malvinas*. Buenos Aires, Lugar Editorial, 1982.

GROVE, Eric J. *Vanguard to Trident. British naval policy since World War II*. Londron, The Bodley Head, 1987.

Guerra das Malvinas (1982): prova de fogo. *Boletim LIT-QI* n. 208. São Paulo, 18 de maio de 2012.

GUERRERO, Alejandro. ¿Pudo Argentina Ganar la Guerra? *Prensa Obrera* n. 1216. Buenos Aires, março de 2012.

_____. De la Baring Brothers a la ocupación inglesa. *Prensa Obrera* n. 1215. Buenos Aires, março de 2012.

———. De la Colonia a la primera invasión inglesa. *Prensa Obrera* n. 1212. Buenos Aires, 1º de março de 2012.

———. Invasiones Inglesas y Malvinas. *Prensa Obrera* n. 1213. Buenos Aires, março de 2012.

GUGLIALMELLI, Juan E. *El Conflicto del Beagle.* Buenos Aires, El Cid, 1978.

GUSTAFSON, Lowell S. *The Sovereignty Dispute over the Falkland (Malvinas) Islands.* New York, Oxford University Press, 1988.

HAIG, Alexander (entrevista). Dejé en claro que si había guerra EEUU estaría con Gran Bretaña. *Clarín.* Buenos Aires, 5 de abril de 2007.

HAMMOND, Philip (entrevista). No vamos a perder las islas. *Clarín.* Buenos Aires, 3 de abril de 2012.

HARCLERODE, Peter. *Fifty Years of the Parachute Regiment.* London, Arms and Armour Press, 1993.

HARRIS, Robert. *Gotcha! The media, the government and the Falklands crisis.* Londron, Faber & Faber, 1983.

HASTINGS, Max. Malvinas significa mucho más para la Argentina que para Gran Bretaña. *Clarín.* Buenos Aires, 4 de abril de 2007.

———; JENKINS, Simon. *La Batalla por Malvinas.* Buenos Aires, Emecé, 1984.

HERMAN, Albert. *To Rule the Waves. How the British Navy shaped the modern world.* New York, Harper Collins, 2004.

HIDALGO NIETO, Manuel. *La Cuestión de las Malvinas. Contribución al estudio de las relaciones hispano-inglesas en el siglo XVIII.* Madrid, Consejo Superior de Investigaciones Científicas, 1947.

HOBSON, Chris; NOBLE, Andrew. *Falklands Air War.* New York, Norton, 1984.

HOFFMANN, Fritz e Olga M. *Soberanía en Disputa. Las Malvinas/Falklands 1493-1982.* Buenos Aires, Instituto de Publicaciones Navales, 1992.

HUNT, Rex. *My Falkland Days.* London, Politico's Publishing, 1992.

IVANOV, L. et al. *The Future of the Falkland Islands and Its People.* Sofia, Manfred Wörner Foundation, 2003.

JAGUARIBE, Hélio. Reflexões sobre o Atlântico Sul. *Folha de S. Paulo,* 26 de junho a 12 de julho de 1982.

JENKINS, Graham. Reagan, Thatcher, and the tilt. *Automatic Ballpoint.* New York, 7 de maio de 2010.

JENKINS, Simon. La ocupación de Malvinas fracasó por la indisciplina de la Marina. *Clarín.* Buenos Aires, 8 de abril de 2007.

JIMÉNEZ CORVALAN, Lautaro. *Malvinas, en Primera Línea.* Buenos Aires, Edivern, 2012.

JOFRE, Oscar Luis; AGUIAR, Félix Roberto. *Malvinas: la Defensa de Puerto Argentino*. Buenos Aires, Sudamericana, 1987.

JOHNSON, Samuel. *Thoughts on the Late Transactions Respecting Falkland's Islands*. London, Cadell, 1971.

JORDÁN, Alberto R. *El Proceso (1976-1983)*. Buenos Aires, Emecé, 1993.

KALEVI, Jaakko Holsti. *The State, War, and the State of War*. New York, Cambridge Studies in International Relations, 1996.

KANAF, Leo. *La Batalla de las Malvinas*. Buenos Aires, Tribuna Abierta, 1982.

KERSAUDY, François. Quando as Malvinas foram Argentinas. *História Viva* n. 49, São Paulo, 2007.

KHRUNOV, Iuri. O Atlântico Sul nos Planos do Imperialismo. In: GONTCHAROV, Andrei (ed.). *A Crise das Malvinas (Falclanda). Causas e Consequências*. Moscou, Academia de Ciências da URSS, 1984.

KINNEY, Douglas. *National Interest/National Honor. The Diplomacy of the Falkland Crisis*. New York, Praeger, 1989.

KON, Daniel. *Los Chicos de la Guerra*. Buenos Aires, Galerna, 1982.

La burguesía y la dictadura traicionan las reivindicaciones nacionales. *Política Obrera* n. 329. Buenos Aires, 9 de maio de 1982.

La flota pirata lleva armas nucleares tácticas. *Política Obrera* n. 329, Buenos Aires, 9 de maio de 1982.

La política yanqui y sus diferencias con el imperialismo inglés. *Política Obrera* n. 329. Buenos Aires, 9 de maio de 1982.

La propuesta secreta de los ingleses a Perón por las Malvinas. *La Nación*, Buenos Aires, 10 de maio de 2012.

La situación política en esta etapa de la guerra. *Política Obrera* n. 330, Buenos Aires, 12 de junho de 1982.

LABORDE, Julio; BERTACCINI, Rina. *Malvinas en el Plan Global del Imperialismo*. Buenos Aires, Anteo, 1982.

LAMI DOZO, Basilio. Después de Malvinas, Iban a Atacar a Chile. *Perfil*. Buenos Aires, 22 de novembro de 2009.

LANÚS, Juan A. *De Chapultepec al Beagle. Política exterior argentina 1945--1980*. Buenos Aires, Emecé, 1984.

LARRAQUY, Marcelo. Los isleños hoy. *Clarín*, Buenos Aires, 2 de abril de 2012.

Las clases frente a la agresión imperialista. *Política Obrera* n. 329, Buenos Aires, 9 de maio de 1982.

LAZAREV, Marklen. O Aspecto Jurídico do Conflito das Malvinas. In: GONTCHAROV, Andrei (ed.). *A Crise das Malvinas (Falclanda). Causas e Consequências*. Moscou, Academia de Ciências da URSS, 1984.

LEBOW, Richard. Miscalculation in the South Atlantic: the Origins of the Falklands War. *Psychology and Deterrence*. Baltimore, Johns Hopkins University Press, 1985.

LEIGH, David. A guerra vista do submarino que afundou o Belgrano. *Folha de S. Paulo*, 2 de dezembro de 1984.

LEVY, Jack; VAKILI, Lilian. Diversionary action by authoritarian regimes: Argentina in the Falklands/Malvinas case. In: MIDLARSKY, Manus. *The Internationalization of Communal Strife*. London, Routledge, 1991.

LORENZ, Federico. Malvinas y la democracia. *Le Monde Diplomatique/ Dipló*. Buenos Aires, abril de 2010.

LUALDI, Eduardo. Los acuerdos de Madrid. *Hoy* n. 1412, Buenos Aires, 28 de março de 2012.

LUNA, Félix. *Los Conflictos Armados. De las Invasiones Inglesas a la Guerra de Malvinas*. Buenos Aires, Planeta, 2003.

LUNIN,Viktor. A Solidariedade Latino-americana. In: GONTCHAROV, Andrei (ed.). *A Crise das Malvinas (Falclanda). Causas e Consequências*. Moscou, Academia de Ciências da URSS, 1984.

LYNCH, John. *Juan Manuel de Rosas*. Buenos Aires, Hyspamérica, 1986.

MAGRI, Julio N. Malvinas: Epitafio. *Internacionalismo* n. 5. Buenos Aires, agosto de 1982.

MAJUL, Luis. Malvinas e YPF, un solo Corazón. *La Nación*. Buenos Aires, 5 de abril de 2012.

Malvinas, la verdad completa. *La Nación*. Buenos Aires, 2 de abril de 2012.

Malvinas, vidas cruzadas, vidas paralelas. *Clarín*. Buenos Aires, 8 de abril de 2007.

Malvinas: la prensa y la pauta publicitaria de la dictadura. *Tiempo Argentino*. Buenos Aires, 13 de abril de 2012.

Malvinas: para luchar contra el imperialismo ningún apoyo a la dictadura, *Política Obrera* n. 328. Buenos Aires, 5 de abril de 1982.

MARCHAK, Patricia. *God's Assassins. State terrorism in Argentina in the 1970s*. Vancouver, McGill Queen University Press, 1999.

Margareth Thatcher threatened to use nukes during Falkland Islands war. *News Max*. New York, 21 de novembro de 2005.

MARTYNOV, Boris. A posição da OEA. In: GONTCHAROV, Andrei (ed.). *A Crise das Malvinas (Falclanda). Causas e Consequências*. Moscou, Academia de Ciências da URSS, 1984.

MATASSI, F. P. *Probado en Combate*. Buenos Aires, Pio Matassi, 1994.

MAYORGA, Horacio A. *No Vencidos. Relato de las operaciones navales en el conflicto del Atlántico Sur*. Buenos Aires, Planeta, 1998.

McManners, Hugh. *Forgotten Voices of the Falklands*. London, Ebury Press, 2007.

Medeot, Enrique. La verdadera historia de la caída de Galtieri. *Clarín*. Buenos Aires, 14 de junho de 1992.

Mello Mourão, Gerardo. Conflito apresenta riscos à segurança do Terceiro Mundo. *Folha de S. Paulo*, 13 de junho de 1982.

Menéndez, Mario Benjamín (entrevista). Fue una guerra improvisada. *Clarín*. Buenos Aires, 4 de abril de 2012.

Middlebrook, Kevin J.; Rico, Carlos. *The United States and Latin America in the 1980s. Contending perspectives of a decade of crisis*. Pittsburgh, University of Pittsburgh Press, 1986.

Middlebrook, Martin. *Operation Corporate. The story of the Falklands War*. London, Penguin Books, 1985.

_____. *The Argentine Fight for the Malvinas*. London, Pen & Sword, 1989.

_____. *The Fight for the "Malvinas". The Argentine forces in the Falklands War*. London, Penguin Books, 1989.

Moffet, Matt. Argentina descuida el gasto militar. *Wall Street Journal Americas*. Buenos Aires, 2 de abril de 2012.

Monge Arístegui, Carlos. Ex espía inglés revela entretelones desconocidos de la guerra de Malvinas. *La Segunda*. Santiago de Chile, 19 de maio de 2012.

Moniz Bandeira, Luiz A. *Formação do Império Americano*. Rio de Janeiro, Civilização Brasileira, 2005.

Montes de Oca, Ignacio. ¿Quiénes hicieron negocios en Malvinas? *Todo es Historia* n. 489. Buenos Aires, abril de 2008.

Muñoz Aspiri, José. *Historia Completa de las Malvinas*. Buenos Aires, Oriente, 1966.

Na linha de frente do combate contra o imperialismo inglês. *Correio Internacional* n. 5, Bogotá, abril de 1982.

Nicolau, Juan Carlos. *Rosas y García. La economía bonaerense (1829-1835)*. Buenos Aires, Sadret, 1980.

Niebleskikwiat, Natasha. *Lágrimas de Hielo*. Buenos Aires, Kapelusz, 2012.

_____. Los nn de Darwin. *Clarín*, Buenos Aires, 3 de abril de 2012.

_____. Veteranos de Malvinas: un padrón inflado. *Clarín*. Buenos Aires, 8 de abril de 2012.

Norton-Taylor, Richard. *The Ponting Affair*. London, Cecil Woolf, 1985.

Nott, John (entrevista). Aquella fue la guerra de una mujer obstinada, y la ganó. *Clarín*. Buenos Aires, 6 de abril de 2007.

Nott, John. Here today, gone tomorrow, http://www.falklands.info/history/hist82article17.html.

O que significa a expropriação da YPF? *Tribuna Classista* n. 6, Porto Alegre, maio de 2012.

O'DONNEL, Guillermo; SCHMITTER, Philippe; WHITEHEAD, Laurence. *Transitions from Authoritarian Rule. Latin America*. Baltimore–London, Johns Hopkins, 1986.

O'TOOLE, Molly. The new Falklands war. *Newsweek*, New York, 15 de março de 2010.

OLIVIERI LÓPEZ, Ángel M. *Malvinas. La clave del enigma*. Buenos Aires, Grupo Editor Latinoamericano, 1992.

O'SULLIVAN, John. *El Presidente, el Papa y la Primera Ministra*. Madrid, Cambio 16, 2007.

_____. How the U.S. almost betrayed Britain. *The Wall Street Journal*. New York, 31 de março de 2012.

PACHECO, Santiago. Malvinas: una causa nacional. *Política y Teoría* n. 74, Buenos Aires, março de 2012.

PALACIOS, Ariel. Junta argentina planejava levar guerra à Europa. *O Estado de S. Paulo*, 1º de abril de 2012.

PALERMO, Vicente. ¿Cuánto de cortina de humo tiene Malvinas? *Clarín*. Buenos Aires, 7 de abril de 2012.

PEPE, Osvaldo. Malvinas y la idea del "enemigo interno". *Clarín*. Buenos Aires, 2 de abril de 2012.

PEREIRA, Roberto. As perdas no duelo desigual. *Folha de S. Paulo*, 4 de maio de 1982.

PEREYRA, Ezequiel F. *Las Islas Malvinas. Soberanía Argentina*. Buenos Aires, Ediciones Culturales Argentinas, 1968.

PEREYRA, Rodolfo. Clausewitz e a Guerra aérea das Falkland/Malvinas. *ASPJ em Português*, slp, segundo trimestre de 2005.

PERKINS, Dexter. *Historia de la Doctrina Monroe*. Buenos Aires, Eudeba, 1964.

PERL, Raphael. *The Falkland Islands Dispute in International Law and Politics. A documentary sourcebook*. London, Oceana Publications, 1983.

PIAGGI, Italo Angel. *Ganso Verde*. Buenos Aires, Editorial Sudamericana, 1986.

PIGNA, Felipe. Crónica de una Usurpación. *Viva*. Buenos Aires, 1º de abril de 2012.

_____. Los Corsarios Argentinos. *Viva*. Buenos Aires, 8 de abril de 2012.

PIÑEIRO, Armando A. *Historia de la Guerra de Malvinas*. Buenos Aires, Planeta, 1992.

PLAGER, Silvia; FRAGA VIDAL, Elsa. *Nostalgias de Malvinas. Maria Vernet, la última gobernadora*. Buenos Aires, Ediciones B, 2005.

Po (Partido Obrero). *Malvinas. La soberanía nacional será posible con un gobierno de trabajadores.* Buenos Aires, 2 de abril de 2012.

Política Obrera y la guerra de las Malvinas. *Internacionalismo* n. 5, Buenos Aires, agosto de 1982.

Pompeo, Fulvio. Mandato de Soberanía y paz para Malvinas. *Clarín.* Buenos Aires, 2 de abril de 2012.

Ponting, Clive. *The Right to Know. The Inside Story of the Belgrano Affair.* London, Sphere Books, 1985.

Pope, Dudley. *The Battle of the River Plate.* New York, Avon Books, 1990.

Por una Conferencia Internacional, en Buenos Aires, contra el imperialismo. *Política Obrera* n. 329, Buenos Aires, 9 de maio de 1982.

Pozzi, Pablo. *Oposición Obrera a la Dictadura.* Buenos Aires, Contrapunto, 1988.

PTP (Partido del Trabajo y del Pueblo). *¡Volveremos!.* Buenos Aires, 2 de abril de 2012.

Quarrie, Bruce. *The Worlds Elite Forces.* London, Octopus Books, 1985.

Queiroz Duarte, Paulo. *Conflito das Malvinas.* Rio de Janeiro, Biblioteca do Exército, 1986.

Quellet, Ricardo L. *Historia Política de las Islas Malvinas.* Buenos Aires, Escuela Superior de Guerra, 1982.

Rabilotta, Alberto. El Carburante del Imperialismo y sus Aliados. Alai *Amlatina.* Quito, 19 de janeiro de 2012.

Raider, Miguel. El Informe Rattenbach y la Cuestión Malvinas. *La Verdad Obrera.* Buenos Aires, 29 de março de 2012.

Ramal, Marcelo. Malvinas: el ruido y las nueces de los "hermanos latinoamericanos". *Prensa Obrera* n. 1212, Buenos Aires, 1º de março de 2012.

Rath, Christian. La Mayor Movilización Obrera Bajo la Dictadura. *Prensa Obrera* n. 1214. Buenos Aires, março de 2012.

Reagan ofreció ser mediador. *Clarín.* Buenos Aires, 6 de abril de 1992.

Reato, Ceferino. *Disposición Final. La confesión de Videla sobre los desaparecidos.* Buenos Aires, Sudamericana, 2012.

Rivas, Santiago; Cicalesi, Juan C. *Malvinas 1982.* São Paulo, C&R Editorial, 2007.

Rodríguez Berruti, Camilo H. *Malvinas, Última Frontera del Colonialismo. Hechos, legitimidad, opinión, documentos.* Buenos Aires, Eudeba, 1975.

Romano, Ruggiero. Le Rivoluzioni del Centro e Sudamerica. *Le Rivoluzioni Borghesi.* Milan, Fratelli Fabbri, 1973

Romero, José Luis. *Breve Historia de la Argentina.* Buenos Aires, Fondo de Cultura Económica, 1997.

ROSLER, Ricardo. Ideologías detrás del reclamo de las Malvinas. *Clarín.* Buenos Aires, 9 de abril de 2012.

ROSSI, Clóvis. Argentinos anunciam ataque maciço inglês. *Folha de S. Paulo,* 13 de junho de 1982.

_____. Para a Igreja argentina país está em perigo. *Folha de S. Paulo,* 17 de agosto de 1982.

ROUQUIÉ, Alain; LAMOUNIER, Bolivar; SCHVARZER, Jorge. *Como Renascem as Democracias.* São Paulo, Brasiliense, 1985.

RUSSELL, Roberto (ed.). *América Latina y la Guerra del Atlántico Sur.* Buenos Aires, Editorial de Belgrano, 1984.

SÁNCHEZ, Gonzalo. *Malvinas, los Vuelos Secretos.* Buenos Aires, Planeta, 2012.

SANTOS, Rafael. Una Guerra Montada en Londres e Washington. *Prensa Obrera* n. 1214. Buenos Aires, março de 2012.

SCHÖNFELD, Manfred. *La Guerra Austral.* Buenos Aires, Desafío Editores, 1982.

Se capitula en el TIAR y se hace demagogia con una OELA. *Política Obrera* n. 330. Buenos Aires, 12 de junho de 1982.

SILENZI DE STAGNI, Adolfo. *Las Malvinas y el Petróleo.* Buenos Aires, El Cid, 1982.

SIMEONI, Hector. *Malvinas: Contrahistoria.* Buenos Aires, Editorial Inédita, 1984.

SMITH, Wayne S. The United States and South America: beyond the Monroe Doctrine. *Current History* n. 553 (90). New York, fevereiro de 1991.

_____. *Toward Resolution? The Falklands/Malvinas dispute.* Boulder, Lynne Rienner, 1998.

SPENCER-COOPER, Henry. *The Battle of the Falkland Islands.* London, Cassell & Co. 1919.

STONE, Philip. Charles Darwin in the Falkland Islands, 1833 & 1834. *Falkland Islands Journal,* 9 (2), 2008.

SYMMONS, Clive R. The maritime zones around the Falkland Islands. *The International and Comparative Law Quarterly* n. 37 (2), Oxford University Press, 1988.

TESLER, Mario. *El Gaucho Antonio Rivero. La Mentira en la Historiografía Académica.* Buenos Aires, Peña Lillo, 1971.

The UK-US special relationship: myths and reality. *America in the World.* New York, agosto de 2008.

THOMPSON, Julian. *No Picnic.* London, Fontana, 1986.

THORNTON, Richard C. *The Falklands Sting.* London, Brassey's, 1998.

TINKER, David. *A Message from the Falklands.* London, Penguin Books, 1982.

Torres-Rivera, Alejandro. Las Malvinas y su reclamo soberano por Argentina. alai-*América Latina en Movimiento*. Quito, 5 de maio de 2012.

Trias, Vivian. *Imperialismo y Geopolítica en América Latina*. Buenos Aires, Juárez Editor, 1969.

Turolo, Carlos. *Así Lucharon*. Buenos Aires, Sudamericana, 1985.

_____. *Malvinas. Testimonio de su gobernador, Mario Benjamín Menéndez*. Buenos Aires, Sudamericana, 1983.

Underwood, Geoffrey. *Our Falklands War. The men of the Task Force tell their story*. London, Maritime Books, 1983.

Verbitsky, Horacio. Donde mueren las palabras. *Página 12*. Buenos Aires, 27 de maio de 2012.

Verzi Rangel, Álvaro. La Causa Malvinas, la Unidad Nacional Argentina y la Integración Latinoamericana. alai *Amlatina*. Quito, 11 de abril de 2012.

Viola, Oscar Luis. *Malvinas, Derrota Diplomática y Militar*. Buenos Aires, Tinta Nueva, 1983.

Volonté, Darío. Sobrevivir al hundimiento del Belgrano. *La Nación*. Buenos Aires, 2 de maio de 2012.

Weinberger, Caspar W.; Roberts, Gretchen. *In the Arena. A Memoir of the 20th Century*. New York, Regnery Publishing, 2003.

Wiñazki, Miguel. Historia de la censura en los medios ingleses durante Malvinas. *Clarín*. Buenos Aires, 6 de abril de 2007.

Woodward, Sandy. *One Hundred Days*. Annapolis, Naval Institute Press, 1992.

Yates, David. *Bomb Alley. Falkland Islands 1982*. London, Pen & Sword Books, 2006.

Yofre, Juan B. *1982. Los Documentos Secretos de la Guerra de Malvinas y el Derrumbe del Proceso*. Buenos Aires, Sudamericana, 2011.

_____. *Malvinas. La Historia Documentada*. Buenos Aires, Sudamericana, 2012.

Young, Hugo. *One of Us. A Biography of Margareth Thatcher*. London, MacMillan, 1991.

Zugadi, Marcelo. *A Guerra das Malvinas*. São Paulo, Aparte, 1982.

Zyblikiewicz, Lubomir. *The Repercussion of the Malvinas/Falklands Conflict for the Foreign Policies of Latin America*. Cracóvia, Prace Z Nauk, 1991.

| | |
|---:|:---|
| *Título* | *A Outra Guerra do Fim do Mundo* |
| *Autor* | Osvaldo Coggiola |
| *Editor* | Plinio Martins Filho |
| *Produção Editorial* | Aline Sato |
| *Capa* | Mariana Coggiola |
| | Veruscka Girio |
| *Revisão* | Geraldo Gerson de Souza |
| *Editoração Eletrônica* | Camyle Cosentino |
| *Formato* | 14 x 21 cm |
| *Tipologia* | Minion Pro |
| *Papel* | Chambril Avena 80 g/m$^2$ (miolo) |
| | Cartão Supremo 250 g/m$^2$ (capa) |
| *Número de Páginas* | 216 |
| *Impressão e Acabamento* | Gráfica Vida e Consciência |